"家风家教"系列

仪

修身齐家行天下

水木年华 / 编著

郑州大学出版社

郑州

图书在版编目（CIP）数据

仪——修身齐家行天下/水木年华编著. —郑州：郑州大学出版社，2019.2
（家风家教）

ISBN 978-7-5645-5921-2

Ⅰ.①仪⋯　Ⅱ.①水⋯　Ⅲ.①家庭道德-中国　Ⅳ.①B823.1

中国版本图书馆 CIP 数据核字（2019）第 001362 号

郑州大学出版社出版发行

郑州市大学路 40 号　　　　　　　　　　　　　邮政编码：450052

出版人：张功员　　　　　　　　　　　　　　　发行部电话：0371-66658405

全国新华书店经销

河南文华印务有限公司印刷

开本：710mm×1 010mm　　1/16

印张：16

字数：262 千字

版次：2019 年 2 月第 1 版　　　　　　　　　　印次：2019 年 2 月第 1 次印刷

书号：ISBN 978-7-5645-5921-2　　　　　　　　定价：49.80 元

本书如有印装质量问题，请向本社调换

前言

中国古典名著是中国传统文化的精髓，是中华民族五千年来的智慧结晶，是取之不尽、用之不竭的精神源泉。

中国古典名著是中国传统价值观的体现，彰显着中华民族的精神力量，书写着中华民族的喜怒哀乐，弘扬着中华民族的性格。家谱中流传至今的家庭教育的书籍，也成为中华传统文化的宝典，家范就是其中的代表。

家范，顾名思义，是一家人的行为规范，也就是父母、长辈对后代的训育。人类自从有了家庭的观念，就有了父母对子女的训诫活动。家范最早可追溯到周公告诫子侄周成王的诰辞，自此绵延数千年，精深宏富，在中国传统文化中地位显著。

在国家不安定和国法不明确之际，家范即可发挥稳定社会秩序的作用。因为，家族为了维持必要的制度，就拟定一些行为规范来约束家族中人，这便是家法家范的最早起源。

自汉初起，家范著作随着朝代演变逐渐丰富多彩。家谱中记录了许多治家教子的名言警句，成为人们倾心企慕的治家良策，成为"修身""齐家"的典范。例如"一粥一饭，当思来之不易"的节俭持家思想，今天看来仍有积极意义。在家谱中有不少详记家训、家规等以资子孙遵行的，当中，最为人称道的典范，如《袁氏世范》《帝范》《温公家范》等，至今脍炙人口。

家范之所以为世人所重，因其主旨乃推崇忠孝节义、教导礼义廉耻。此外，提倡什么和禁止什么，也是族规家法中的重要内容，如"节俭当崇""邪巫当禁"等。

本书编者正是站在如此高度，融通两千多年流传下来的文史，梳理出华夏家国文化演进的脉络线索；缕析古今各界大家家范和国学经典，揭示先贤高超的人生艺术和智慧；进而贯穿不同时代背景，得到今时今日适合国人的"修身、齐家、治国、平天下"的真理。此外，从实用性角度对家范的深度挖掘，也使本书的解读获得了故事性短片般的生动质感和鲜活意趣，极具时代感和启发性。

目录

第 一 章

 兴家立范：从严治家铸家魂

古往今来，家庭一直是社会的基石，古训有修身、齐家、治国、平天下的名言。原文是"古之欲明明德于天下者，先治其国；欲治其国者，先齐其家；欲齐其家者，先修其身；欲修其身者，先正其心……心正而后身修，身修而后家齐，家齐而后国治，国治而后天下平"。以自我完善为基础，通过治理家庭，达到平天下的目的。

第  二 章

鲲鹏展翅：志存高远彰家范

古往今来，很多名人志士都以天下大事为理想，胸怀伟大志向勇闯天下，最后成就霸业，他们的奋斗历程与拼搏精神对今天的我们有很好的指导作用。在新时期下，我们要以他们为榜样，学习弘扬立志拼搏的精神，为自己的事业拼搏奋斗。

 第  三 章

己身为范：修身养性成楷模

修身是指修养身心，努力提高自身的思想道德修养水准。修身是本，

齐家、治国、平天下是末。修身，一是修德，二是修智，德才兼备，便是
修身的理想结果。本章内容从国学中选取经典的修身养性之道，供现代人
参考。

第 四 章

克勤克俭：自律正己做表率

自控不仅仅是在物质上克制欲望，对于一个想要取得成功人生的人来
说，精神上的自控也是十分重要的。衣食住行毕竟是身外之物，不少人都
能克制，但精神上的、意志力上的自控却不是人人都能做到。因此我们有
必要学习一些律己之道。

第  五 章

书香学范：奋发图强兴学风

书香不绝不仅有可能改变家庭的命运，它还能改变一个人、一个家庭的精神面貌。学习是立业之基，兴国之基。学习者智，学习者胜，学习者生存，学习者发展。兴学风，才能正家风。

 第  六 章

宽厚待人：宽心从容怀天下

宽容意味着给予。宽容是汇聚百川的海洋，给予别人能让自己变得更加丰富。宽容是有力量的表现，而刻薄却是力量不足的流露。宽容有时给自己带来痛苦，但那痛苦是短暂的；刻薄有时给自己带来快乐，但那快乐也不会长久。一味地刻薄则会失去别人对自己的尊重，一味地宽

容则会失去自己做人的尊严。宽容需要"海量"，是一种修养促成的智慧，只有那些胸襟开阔的人才会更好地赢得成功。

第 七 章

 中规中矩：以身作则树榜样

纪律是在一定社会条件下形成的，集体成员必须遵守的规章、条例的总和，是要求人们在集体生活中遵守秩序、执行命令和履行职责的一种行为规则。纪律是一切制度的基石，组织和团队要长久生存和发展的重要的维系力量就是团队纪律。任何一个社会、一个国家、一个政党、一个军队都有维护自己利益的纪律，古今中外，概莫能外。只有严明有序的纪律，才可以为国家或者企业带来发展的良机。

第 八 章

为官立范：治国安民定乾坤

　　凡治国之道，必先富民。民富则易治也，民贫则难治也。意思是说：大凡治理国家的方法，必须首先使百姓富裕起来。百姓富裕就容易统治，百姓贫穷就难以统治。古往今来，治国都以人为先。这种治国思想对于今天的管理仍然有指导作用。

第一章

兴家立范：从严治家铸家魂

古往今来，家庭一直是社会的基石，古训有修身、齐家、治国、平天下的名言。原文是"古之欲明明德于天下者，先治其国；欲治其国者，先齐其家；欲齐其家者，先修其身；欲修其身者，先正其心……心正而后身修，身修而后家齐，家齐而后国治，国治而后天下平"。以自我完善为基础，通过治理家庭，达到平天下的目的。

身正方能正天下

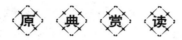

【原文】

《诗》称文王之德曰："刑于寡妻，至于兄弟，以御于家邦。"此皆圣人正家以正天下者也。

——宋·司马光《家范》

【译文】

《诗经》称赞周文王的品德说："首先给自己的妻子做榜样，再推及兄弟身上，从而达到齐家治国的目的。"这都是圣人所强调的先端正家风然后端正天下世风的道理。

家范箴言

中国古代注重家教的传统，常被近代人指斥为宣扬封建等级制度，殊不知尊老爱幼是人类来自天性的基本职责，也是培育人类爱心的最初起点。当然，中国传统家教的意义远不止于此，它还提出了"家国同构"的道德建构的基本模式。这种模式不是简单地把治家等同于治国，把治家经验移植为治国方略，而是要对家庭的感情类比推广到社会中来，并把家庭视为社会结构最基层的单位，使每个人首先在家庭单位中培育适应和处理社会事务的品质和能力。这是一种具有远见卓识的家庭教育观。中国传统家教是世界教育史上把家庭教育同社会教育完美结合起来的优秀典范。

龚自珍：家庭熏陶出的诗歌才情

龚自珍（1792—1841），清末思想家、文学家。一名巩祚，字璱人，号定庵，浙江仁和（今杭州）人，是近代改良主义的先驱者。作品有《病梅馆记》《己亥杂诗》等。

"九州生气恃风雷，万马齐暗究可哀。我劝天公重抖擞，不拘一格降人才。"这首气势磅礴的诗就是出自龚自珍之笔。成就龚自珍诗名的既有他先天的才情，也有后天的家庭培养和熏陶。

1792 年，龚自珍出生于一个仕宦的书香之家，他的祖父是乾隆年间的进士，他的父亲是嘉庆年间的进士，而他的母亲段氏则是著名学者段玉裁的女儿，也工书能诗。龚自珍成长于这样的家庭，很早便受到经学、文学的熏陶，对他以后的成长有很大影响。在他三四岁时，母亲就有意识地教给他简单的诗歌，龚自珍非常兴奋地跟随母亲学习。稍大一些，到了 8 岁，龚自珍就在母亲的指导下学习经史。为了使儿子能学业长进，母亲特意选了当时非常有代表性的几位作家的诗文作为范本，使龚自珍能博采众长。这样的教育无形中就培养了龚自珍对诗歌的兴趣。

随着龚自珍年龄的渐长，他的父亲也开始对他进行古典文化的教育。父亲的教育是以启发引导为主，并且亲自抄录文章让龚自珍来熟读，大量的阅读积累陶冶了龚自珍的文学性情。他 11 岁以前主要是在杭州度过的，杭州秀丽的湖光山色，也激发了龚自珍美好的文学情愫。

1802 年，11 岁的龚自珍跟随父亲到京上任，在京城的日子里，乾嘉学派的名流，也就是他的外公段玉裁亲自教授他《说文》，指点他学习经学、金石学和训诂学。"巩祚才气横越，其举动不依恒格，时近傲诡，而说经必原本字训。"这些古典文化的学习让龚自珍积累了深厚的古典文化知识，而京城作为全国的文化中心，无疑使龚自珍极大地开阔了视野。因此，当他还只有 13 岁的时候，他就已经作出了《水仙花赋》。到 1806 年，15 岁的龚自珍正式开始写诗，写诗的同时，他还以自己深厚的文化积累撰写了《古今体诗编年》一书。有人评价龚自珍的诗文颇有几分韩愈、柳宗元的意味。随后几年，他陆续自编诗集、词集，受到了外公的高度赞扬。段玉裁亲自提笔作序，称赞他"所业诗文甚多，间有治经史之作，风发云逝，有不可一世之概。尤喜为长短句"。

就在龚自珍沉醉于诗歌世界的时候，他的父亲却奉命调离京师，为此，他不得不随着父亲往来各地。而在与父亲的奔波中，他看到了官场的黑暗，于是，他无心仕途，却喜欢与当时的名士交往，如在北京与魏源、林则徐等"论天下事，风发泉涌，有不可一世之意"。深刻意识到国家危难的他，热切呼唤政治改革、富国强兵，但是清朝统治者大兴冤狱，镇压进步力量，这些都使得龚自珍痛心疾首，他只能把满腔的救国救民的热血，倾注于文学创作之中。后来，他以自己浪漫的手法、丰富的想象写出了大量或有美丽的语言或有磅礴气势的诗歌，终于成为中国诗坛的一位大师。

孝敬父母心为上

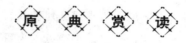

【原文】

我弟兄四人，惟吾弟年幼，尚在乡攻读，家中事务，全恃母亲主持。老母年近古稀，精神日退，兄服务在外，不能时时回来，吾弟年逾弱冠，世务情形，当默自考察，佐母亲精力之不逮。昏晨侍奉，尤须毕恭毕敬。倘有不满意事，不可趁一时血气，以使母亲不悦。遇疑难事，尤宜与诸长辈商量，不可独断独行。

——《李鸿章家书》

【译文】

我们兄弟四人，只有你最年幼，还在家乡攻读学业。家中事务，全靠母亲主持。老母年近 70 岁，精神一天天减退。我在外面工作，不能时时回来。你年龄已经过了 20 岁，对于时务情形，应当自己默默地加以考察，辅佐母亲精力之所不及。每天早晚侍奉母亲，尤其要毕恭毕敬。如果有不满意的事情，绝不可以趁一时感情冲动，而使母亲不高兴。碰上疑难的事情，尤其应当和各位长辈商量，不可独断独行。

家 范 箴 言

李鸿章这篇家训，目的是教育自己的弟弟要恭敬侍奉老母；遇疑难事，不可独断独行；等等。这些训诫，对后人都颇有教益。这篇家书告诫现代人，在家要学会尊老爱幼。尊老爱幼是中华民族的优良传统，是祖先留给我们的宝贵财富。今天，我们应将这种家风发扬光大，一代一代延续下去。

家 风 故 事

许世友敬老传佳话

1905 年 2 月 28 日，一代名将许世友诞生在河南省新县的许家洼。

许世友 13 岁那年，父亲许存仁在贫病交加中离开了人世。父亲临终前把母亲叫到床边，指着最小的女儿说："为了全家十几张嘴，就把幺妹送人吧，也好换来几个活命钱……"

几天后的一个中午，两个人贩子拿着 5 块大洋来领幺妹，恰好被刚从田里回来的许世友碰上。当他弄清怎么回事之后，一把从人贩子手里拉回幺妹，然后"扑通"一声跪在娘面前，哭着说："娘，幺妹还小，不能把她送进火坑啊，俺姊弟 8 人中要是一定要卖一个的话，那就卖我吧！"儿子的话犹如一把利剑穿进母亲的心，许母流着眼泪，拉起跪在地上的许世友，悲伤地说："孩子，起来吧，娘向你保证，以后就是饿死，全家人也要死在一块儿！"

1926 年，许世友参加了革命，后来，又参加了黄麻起义，许世友成了"清乡团"搜捕的主要对象。"抓不住许世友，就拿他母亲是问！""清乡团"的头目高喊着。他们捆绑起许母，逼问许世友的下落，许母咬紧牙，一

第一章 兴家立范：从严治家铸家魂

个字也不说。匪首恼羞成怒,皮鞭雨点般地抽在许母的身上、脸上。许世友听说母亲被抓,顿时怒火中烧。他掏出笔,唰唰写了几行字,令人送给"清乡团"头目李静轩。李看完落款为"炮队队长许世友"的短信,知道许世友就在附近,顿时吓得脸色苍白,暗中把许母释放了。许世友惦念母亲,连夜赶回去探望。未及问候,他先双膝下跪道:"娘,不孝的儿子让您受苦了。"深明大义的母亲抚摸着儿子的头,平静地说:"孩子,不要哭了,娘虽不懂什么,却知道你干的是救穷人的好事,娘不拦你。"

许世友来不及多说,匆匆告别母亲,踏上了征程。一次,部队在战斗结束后进行整编,整编的地点离许家洼不算太远。领导对许世友说:"你该回去看看大妈和你的媳妇,还有你那未见面的小伢子。"

许世友来到家门口,顿时呆住了:五六间房屋已被烧光,残垣断壁间,搭起了两座低矮的草棚。许世友抓住母亲的手,哽咽着说:"娘,您老人家受苦了!"说着,便跪在母亲脚下。母亲拉起儿子的手,像小时候一样为他擦去眼泪,只字不提自己的苦。

1932年的一天晚上,许世友率部队在离许家洼不远的西张店村扎营。许世友得以再次回家探亲。母亲与儿子面对面地坐着,儿子关切地询问母亲的身体情况,母亲则急切地想知道儿子在部队的情况。许世友像个听话的小学生,扳着指头向母亲细数了几年的情况。

天快亮的时候,许世友来到母亲床前,轻轻地喊道:"娘,我该走了,您老就不用起来了。"母亲披衣下床,把一手巾兜鸡蛋塞到许世友手里:"儿啊,娘下半夜就把鸡蛋给你煮好了,带着路上吃。""娘,我年轻力壮的,用不上这个,还是留着给娘补补身子吧!"许世友把鸡蛋塞到母亲手里。母亲不由分说,解开儿子的衣扣,把鸡蛋塞进儿子怀里,重新把扣子扣好。儿子要走了,母亲为儿子拉拉领角,拽拽袖口,又把手伸到儿子袖筒里摸摸棉袄的厚薄。此时无声胜有声,许世友再也忍不住了,眼泪扑簌簌掉下来。望着母亲那满头的白发,再想想母亲的孤单和艰难,许世友禁不住哭出声来:"娘,做儿的不孝,让你独自一个人在家受苦,我读过私塾,懂得应该孝敬父母,但是……"许世友难过得低下了头。"孩子,娘不怪你,娘虽然不识字,可娘懂得,大丈夫尽忠不能尽孝,娘愿意让你去尽忠。尽孝只为我一个人,尽忠是为咱普天下的穷人哪!等打跑了白狗子,还怕没有好日子过?"母亲说完，便催他上路。

母亲的深明大义越发令儿子心里难过，在即将迈出大门的时候，许世友忽然转过身，流着泪喊道："娘啊，儿这一走也不知什么时候才能回来，您老就受儿一拜吧！"说着便跪在地上，像是对母亲说话，又像是对天发誓："我许世友活着不能伺候娘，死后也要埋在娘的身边，日日夜夜陪伴娘。"说完，站起来为母亲擦去眼泪，理理头发，然后转过身，头也不回地走了。

治家能齐才和睦

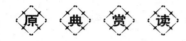

【原文】

问："齐家之难，难于治国平天下。家迩天下远，家亲天下疏，何以难？"曰："正惟迩则情易辟，正惟亲则法难用。夫家之所从齐者，父曰慈，子曰孝，兄曰友，弟曰恭，夫曰健，妇曰顺，反此则父子相伤，夫妻反目，兄弟阋墙，积渐而往，遂至子杀父，妻鸩夫，兄弟相仇杀，庭闱衽席间皆敌国。从来均平天下之人，每于此多动心忍性，盖法制所不能束，禁令所不能施。以此思难，难可知矣。"

——清·孙奇逢《孝友堂家训》

【译文】

问："齐家难，比治国平天下还难。家近天下远，家亲天下疏，怎么会难呢？"回答说："家正因为近，所以在感情上容易互相排斥；家正因为亲，所以难用法度治理。治家之所以要用'齐'字做标准，就是要求父要慈，子要孝，兄要友爱，弟要恭敬，丈夫要刚健，妻子要柔顺，违背这个标准，就会发生父子相伤、夫妻反目为仇、兄弟互相打斗的局面，逐渐积累到最后，终于发展到子杀父、妻子毒害丈夫、兄弟互相仇杀的地步，使厅堂、闹房及床席都变成仇敌世界。自古以来平治天下的伟大人物，都在这方面忍住性情、开动脑筋，是因为法制在这里没有约束作用，禁令在这里也不能推行。从这些来思考治家之难，其难就可想而知了。"

家范箴言

古人治家之难，难在面对骨肉之情不能动用刑法的手段予以强制，只能使每个家庭成员都要达到一定的道德标准，率先在家庭培训出适应社会的能力。今人治家早已淡化了"治"的因素，多半用分居形式化解家庭矛盾；但是由于传统道德规范早已凋残不堪，家庭成员之间尤其是婆媳之间、夫妇之间的矛盾仍然是深藏在众多家庭内部的不治之症。倒是那些古风淳厚的家庭，常常充满着令人钦羡的友爱与温馨。所以，对今天的我们来说，治家就要讲规则，讲规范。

家风故事

陈省华公正处世

北宋初期时的谏议大夫陈省华，字善则，祖籍在北方，是今内蒙古自治区的河朔之地，其曾祖父陈翔为唐末并门的书记官，曾为蜀新井令，遂来到阆州阆中（今南充阆中），在蜀地安家。陈省华活了68岁，死后朝廷赠号太子太师，加封秦国公。妻子冯氏被封为燕国夫人。

陈省华才智过人，办事精干而又认真。一向严于律己，教子严而有方，对家里人要求也很严格，不准以权谋私，不搞特殊化。从古到今，官宦之子多玩世不恭和纨绔无用。但是陈省华的三个儿子中，有两个状元，一个进士，两个拜相，一个为将，这不能不说他教子有方。

在他的严格教育下，大儿子陈尧叟中状元后当了宰相，二儿子陈尧佐中进士后，当了丞相，三儿子陈尧咨中状元后，当了节度使，世称"三陈"，父子四人皆进士，故称"一门四进士"，陈省华的女婿傅尧俞是状元，人又称"陈门四状元"。一家都是显贵，但陈省华家规极严，男人们在外为官清廉，妇女们在家必须下厨房参加劳动。

陈省华的大儿子是宰相，娶了尚书马亮的女儿为妻，小两口相亲相爱。妻子私下对丈夫说："你当宰相我是相夫人，还要天天下厨房做饭，你去求求父亲，免了我下厨房吧。"丈夫说："父亲铁面无私，家规森严，我不敢。"

他的妻子没办法，只好回娘家哭诉。马尚书心痛女儿，决定与亲家公交涉一下。一天，马亮在上朝路上碰到了陈省华，马亮说："亲家，我女儿从小娇生惯养，不会做饭，你就别让她天天做饭了吧！"

陈省华听了，心里不高兴，说："谁让她一个人做全家的饭了？她只是跟着我那笨拙的妻子在厨房里打打下手罢了。难道让她婆婆独自干吗？"

马亮听说主持家务做饭的竟是亲家母，便不好说话了，马亮心想："陈家一门都是朝廷的大官，名声很好，原来家教这么严格！"他很感动，便诚恳地对亲家公说："亲家，是我不对了，我的小女就烦你多多教育吧！"

有宾客来访陈省华，已经当了宰相等大官的儿子也只能站立左右，弄得来客都很为难。《宋史》中说："宾客至，尧叟兄弟侍立省华侧，客不自安，多引去。"陈省华的妻子冯老夫人也是以节俭为本，不许诸子奢侈浪费。就是高官归来的儿子，有不对的地方，她都还要施以杖击。据说今天四川省南充市南部县金鱼桥这一古迹地名就是冯太夫人杖击三子陈尧咨的地方。

原来陈尧咨十分爱好射箭，当世无双，且爱卖弄，他在做荆南知府任满回家后，其母冯太夫人问他："你在荆南做知府，有些什么政绩呀？"

陈尧咨说："荆南来往的官员很多，经常都有宴会迎来送往。我常在宴会上表演我的射箭技术让客人们欣赏，客人们没有不佩服我的神箭的。"

其母生气地说："你做官不勤政爱民，却专爱炫耀你的什么神箭，这符合你父亲的教导吗？你如此没有长进，怎么让我放心得下……"冯太夫人越说越气，举起拐杖朝陈尧咨打去，陈尧咨不敢反抗，冯太夫人竟把陈尧咨佩戴的金鱼玉饰也击碎了，后来人们称此地为"金鱼桥"。

通过母亲的教训，陈尧咨有了很大的转变，后来办了很多对国家对百姓有益的事。他曾在吏部任职，吏部是负责考核官员政绩、确定官吏升降的部门。有些地方官员有政绩有才能，而地位较低，朝中又没有靠山，这样的人很难有升迁的机会。陈尧咨却注意发现这些人才，并把他们向朝廷推荐，不少这样的人因陈尧咨的推荐而得到了提拔。

宋真宗天禧二年（1018年），皇上又派陈尧咨参加阅进士考试的试卷。天禧三年（1019年），有人揭发钱惟寅对官员的考核不公正，皇上又命陈尧咨参与审查钱惟寅的考核情况。从以上事情看来，陈尧咨确实改正了错误，做到了严格执法，公正无私。

家教应由上而下

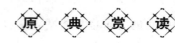

【原文】

夫风化者，自上而行于下者也，自先而施于后者也。是以父不慈则子不孝，兄不友则弟不恭，夫不义则妇不顺矣。父慈而子逆，兄友而弟傲，夫义而妇陵，则天之凶民，乃刑戮之所慑，非训导之所移也。笞怒废于家，则竖子之过立见；刑罚不中，则民无措手足。治家之宽猛，亦犹国焉。

——南北朝·颜之推《颜氏家训》

【译文】

风俗教化的形成过程，往往是按自上而下的顺序推行开来的，有先行者的模范行为引起后来者的仿效而推行开来的。所以父亲不慈爱必然引起儿子的不孝顺，兄长不友爱必然引起弟弟不恭敬，丈夫不讲义气必然引起妻子不顺从。如果父亲慈爱而儿子忤逆，兄长友爱而弟弟傲慢，丈夫仗义而遭妻子凌犯，就是天下的凶民，是只有刑法才能震慑的对象，不是训导所能改变的。适度的打骂如果从家教中废除，那么小孩的过错就会立即出现。刑法惩罚的手段如果不适中，老百姓就会手足无措。治家的宽猛之道，与治国是一样的道理。

家范箴言

所谓“十年树木，百年树人”，强调的就是要使人类社会形成良好的社会风气，需要一个漫长而艰难的过程。中国古代先哲对于转移世风有着一套十分清晰的思路。首先要遵循上行下效、以先带后的原则和秩序，由在上者率先倡导，再推动在下者全面行动；并组织一批先进分子垂范先行，从而带动后来者争相仿效；再把这种模式推广到每个家庭，由每个家庭把道德教化落实到每个家庭成员，再由每个家庭成员全面推广到整个社会，如此坚持不断，日积月累，就会促成良好社会风气的全面形成并固化为稳定的文明习俗，从而达到“化成天下”的政治目标。这就是中国古代“家国同构”教化思想的战略设计，这种战略设计使德治和法治的手段得到有机统一，并给出了明确的分界。德治是以劝导的方式引领社会风气向善的方向不断提升，法治是用刑罚的手段对德化失效的恶的方面进行惩治。把两者结合起来，就能推动社会风气日趋文明和高尚。

家风故事

宋太祖教女

宋太祖赵匡胤的日常生活很朴素，穿着、饮食都很简单。他不但自己生活俭朴，反对奢侈，还严格教育子女生活俭朴。

有一次，赵匡胤的女儿永庆公主入宫晋见父亲时，身上穿着一件由最好的工匠制成的新外衣，那上面用金线缝缀着一片片的孔雀羽毛，蓝的像湛蓝的湖水，绿的像碧绿的翡翠，在阳光的照耀下闪闪发光，真是华丽极了！她一路走来，引起不少官员的注意。宋太祖却像打量一个陌生人似的看着身穿华丽外衣的女儿，显得很不满意。他说：“你把衣服脱下，以后不能再穿它！”

听到父亲的话，公主很不理解，噘着嘴巴说：“宫里翠羽很多，我是公主，一件衣服只用一点点，有什么要紧?”

宋太祖严厉地说："正因为你是公主，所以不能享用。你想想，你身为公主，穿了这么华丽的衣服到处炫耀，别人就会效仿。战国时齐桓公喜欢穿紫色衣服。结果全国上下都跟着学，以至于紫布都贵了好几倍。今天，你的这件衣服上面有金丝线、孔雀羽，价格都很高，你知道制作一件要花多少钱吗？如果别人再效仿你，全国要浪费多少钱？按说你现在的地位和生活已经很优越了，你不要身在福中不知福，要十分珍惜才是。你怎么可以带头铺张浪费呢？"

听了父亲的批评，公主无话可说。只好默默地把外衣脱了下来，但仍然很不甘心。她想："你既然是皇上，又是我的父亲，对我要求那么严格，看你对自己又怎么要求？"于是，她对宋太祖试探性地问："父皇，您做皇帝已经好几年了，进进出出总离不开那顶旧轿子，它也应该用黄金装饰一下了吧！"

宋太祖却平心静气地对女儿说："我是一国之主，掌握着全国的政治经济大权。如果我要把整个皇宫都用黄金装饰起来也能办得到，何况只是一顶轿子。可是古人说得好：'让一人治理天下，不能让天下人供奉一人。'我应该这样做。倘若我自己带头奢侈浪费，必然会有很多人这样干。天下的老百姓就会怨恨我，反对我，国家的事情就难办了，你说我能带这个头吗？"

公主一边听着，一边琢磨着父亲的每一句话，再看看皇宫里的装饰也都很朴素，连窗帘都用很便宜的青布制成，觉得父亲的话确实很有道理。公主于是叩头谢罪，诚心诚意地承认自己的错误，并表示今后要向父亲学习，勤俭节约，不再奢侈。

为人先从孝友起

【原文】

凡为人先从孝友起，孝不但敬爱生父，凡伯父、叔父，皆当敬爱之；不但敬爱生母，凡嫡母、继母、伯叔母，皆当敬爱之，乃谓之孝。友则同父之兄弟姐妹，同祖之兄弟姐妹，同曾祖高祖之兄弟姐妹，皆当和让，此乃古人所谓亲九族也。读书不知此，用书何为？

——清·吴汝纶《谕儿书》

【译文】

为人要先从孝顺父母，友爱兄弟做起。孝顺不但要敬爱生父，凡是伯父、叔父都应当敬爱；不但要敬爱生母，凡是嫡母、继母、伯叔母，都应当敬爱。只有这样，才称得上孝顺。友爱，不但是同胞兄弟姐妹们间友爱，凡是同祖兄弟姐妹、同曾祖高祖兄弟姐妹，都应当和睦谦让，这样才是古人所讲的亲九族。读书不明白这个道理，那又有什么用呢？

家范箴言

在这则家训中，强调了"为人先从孝友起"这一重要观点，孝就是孝敬父母，友则是友爱兄弟，这也是我们中国人做人的根本，离开这个根本和基础就不能立足于社会。现代的家风教育也应该从"孝友"做起，对没有血缘关系的老人也要尽孝道，在全社会形成尊老的良好风气。

第一章 兴家立范：从严治家铸家魂

家风故事

杜环敬老

明朝时期有个名叫杜环的人，他为人善良敦厚，又博学多才，深受朱元璋的赏识。杜环的父亲杜一元有位朋友，是兵部主事常允恭。常允恭死后，家境衰败。常允恭的母亲张氏已经60多岁了，想起去世的大儿子和失散多年的小儿子伯章，哀伤自己无人奉养，经常痛哭。

有认识常允恭的人，可怜张氏年老，告诉她："现在的安庆太守谭敬先，不是常允恭的朋友吗？为什么不去投奔他呢？他念及与常允恭的交情，一定不会丢开您老人家不管的。"

老夫人听从这个人的指点，坐船来到安庆。可是世态炎凉，谭敬先竟婉言谢绝，不肯接纳她。老夫人处境非常窘迫，想到常允恭曾经在金陵做过官，或许还有亲朋好友，也许能有点希望。于是她跟随别人到了金陵，却连一个熟人都没有找到。

老夫人没有办法，只好打听杜一元的家在什么地方，她想，杜一元或许还健在吧？一个老道人回答她说："杜一元已经死了很久，只有他的儿子杜环还在。他的家位于鹭州坊中，门口有两棵枯树可以辨认。"

张氏穿着破旧的衣服，冒雨来到杜环家。此时杜环正陪着客人，见到常母这副样子非常惊讶，又好像曾经见过她的面，因此试着问道："您不是常老夫人吗？为什么落到这种地步？"

常母把自己的遭遇哭着告诉他，杜环也流下了眼泪，连忙扶着老人坐下，对老夫人行了晚辈之礼，又呼唤妻子和孩子出来行礼。杜环的妻子马氏换下常母的湿衣服，又拿出自己的衣服给常母穿，捧出粥让常母吃，抱来被子让常母盖。

常母打听起平素较为亲近的、情谊深厚的老朋友和她的小儿子常伯章的下落。杜环知道这些老朋友都已辞世，不能托付，又不知道常伯章的死活，只好婉转地安慰常母说："天正下雨，等雨停了，我再替您打听一下他们的近况。假若没有人侍奉您，我家即使再贫穷，也会奉养您。我父亲和常老伯亲如兄弟，现在您老人家贫困窘迫，不到别人家去，投奔到我们家来，这也是两位老人在天之灵把您引导来的啊！希望您不要有其他的想法了。"

当时正值战后，一般人家亲生骨肉之间都不能保全。常母见杜环家也不富足，雨停后坚持要走，寻找其他朋友。杜环只好派了一个仆人陪着她同行。到了天黑，常母果然没有遇到熟人，只好返回，安心住下来。

杜环一家人，都像对待母亲一样侍奉老人。常母性情急躁，稍有不满就生气，甚至还要骂人。杜环私下告诫家里人，要顺从她的心愿，不要因为她处境艰难就轻视她、怠慢她，不要跟她计较。常母患老年疾病，杜环亲自替她煎药，送勺匙、筷子。因为常母怕吵，杜环还嘱咐一家人都不要大声说话。

过了10年，杜环做了太常寺的赞礼郎，奉皇帝诏令，到会稽举行祭祀。返回时，路过嘉兴，正遇上张氏的小儿子常伯章，杜环悲伤地告诉他："您的母亲住在我家，日夜想念您，都想病了，您早点去见见她吧！"

常伯章却说："我也知道这情况，只是因道远不能去。"

杜环回到家，又过了半年，常伯章才来。

这一天，正是杜环的生日。常母看到自己的小儿子，母子互相搀扶着放声大哭，杜环家里的人认为这样做不吉利，要制止他们。杜环说："这是人之常情啊！有什么不吉利的呢?"

过了些日子，常伯章看到母亲年老，怕她拖累自己，竟然谎称要办其他事情，辞别而去，再也没有回来看望母亲。

杜环侍奉常母更加谨慎小心。然而，常母思念儿子，病情越来越重，过了三年就去世了。杜环备办了棺材，隆重地安葬了她，每年还按时节去墓前祭祀。

孝敬难报养育恩

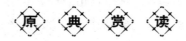

【原文】

人当婴孺之时，爱恋父母至切。父母于其子婴孺之时，爱念尤厚，抚育无所不至。盖由于气血初分，相去未远，而婴孺之声音笑貌，自能取爱于人，亦造物者设为自然之理，使之生生不穷，虽飞走微物亦然。方其子初脱胎卵之际，乳饮哺啄，必极其爱，有伤其子，则护之不顾其身。然人于既长之后，分稍严而情稍疏，父母方求尽其慈，子方求尽其孝；飞走之属稍长，则母子不相识认，此人之所以异于飞走也。然父母于其子幼之时，爱念抚育，有不可以言尽者，子虽终身承颜致养，极尽孝道，终不能报其少小爱念抚育之恩，况孝道有不尽者。凡人之不能尽孝道者，请观人之抚育婴孺，其情爱如何，终当自悟。亦犹天地生育之道，所以及人者，至广至大，而人之回报天地何在？有对虚空焚香跪拜，或召羽流斋醮上帝，则以为能报天地，果足以报其万之一乎，况又有怨咨乎天地者，皆不能反思之罪也。

——南宋·袁采《袁氏世范》

【译文】

人处在幼婴时期，爱恋父母特别深切。父母在孩子处在幼婴时期，对他们的喜爱牵挂更加深厚，抚养培育没有不周到的。这是因为孩子刚与母体分离不久，相隔不远，而幼婴的声音笑貌自能博得父母的爱心，这也是造物主设下的天然情理，使人类繁衍生息没有穷尽，即使是飞禽走兽、微小生物也是这样。孩子刚刚从胎盘中脱生的时候，做父母的喂奶喂食，必定极尽其爱，倘若有人伤害孩子，他们就要保护他而不顾自己的身体。可是人到长大以后，职分渐渐看重，感情渐渐疏远，这时做父母的才讲求尽慈爱之心，做儿女的才讲求尽孝敬之道；飞禽走兽稍稍长大就母子不相认识了，这就是人之所以与飞禽走兽不同的地方了。可是父母在子女年幼之时的爱恋抚育，是不能够完全用语言表达的，子女虽然终身承颜致养，侍奉父母极尽孝道，但终究不能报答父母小时候的爱恋抚育的恩情，何况还有不尽孝道的呢？凡是有不能尽孝道的，就让他去观察别人抚育婴孩的情景，让他看看做父母的对自己孩子的情和爱是怎样的，这样他终究会自我醒悟的。这也就像皇天后土养育世间万物的道理一样，它们给予人类的广大无边，可是人类回报天地的东西在哪呢？有的人对天空焚香跪拜，有的请道士设坛祭祀上帝，认为这样就能报答天地，果真能够报答它们万分之一吗？况且还有怨恨嗟叹天地的人呢？这都是不能反思自己的罪过啊！

家范箴言

父母对子女爱怜至深，抚育无所不至，爱念不可尽言，子女应报其爱念抚育之恩，应"终身承颜致养，极尽孝道"；否则忘其养育之恩，不尽孝道，同飞禽走兽有什么区别呢？孝敬父母，敬老爱老，是中华民族的传统美德。可当今不少做儿女的，忘却父母的养育之恩，不尽孝道，不想赡养年老体衰的父母，读了这篇家训难道不应该掩卷深思吗？

家风故事

刘殷寒冬采堇菜

晋朝的刘殷，父亲生病去世的时候，他只有 7 岁。当时刘殷虽小，但是父亲对他的点滴养育之恩，他全都记在心中。在这个面积不大但是温暖的家庭里，刘殷从懂事起，每天在家里看到的，都是父亲对祖母的悉心照料，一家人其乐融融。年幼的刘殷常常想，等自己将来有能力了，也要像父亲孝顺祖母一样，孝顺父亲，孝顺家里的长辈。

父亲去世前，曾经语重心长地嘱咐刘殷："我不在了，你就是家里的大人了，你祖母年纪大了，你一定要尽心尽力照顾好她。这样，我走得也就放心了。"父亲的叮咛，刘殷不敢忘记，父亲生前对自己的养育和教诲，刘殷更是牢牢记在心上。他立志要好好孝顺祖母，让祖母安度晚年。

转眼两年过去，刘殷已经9岁了。这一年的冬天十分寒冷，到了最冷的时节，刘殷怕严寒冻坏祖母，就想尽办法每天为祖母做热汤热饭，好让祖母觉得身心暖和。可是最近这些天，细心的刘殷却发现，祖母总是还没有吃多少饭，就放下了筷子。这样的情况已经持续了十多天。刘殷想：这样下去，祖母的身体一定会受影响啊。

这天，看到祖母又没吃多少饭，刘殷有些着急了，他问道："祖母为什么这些天吃饭这么少呢？饭菜不合口味吗？"

祖母有些迟疑，最后还是开口说道："你做的饭菜很好，只是这些天来，我突然很想吃堇菜。你父亲在世的时候，知道我喜欢吃堇菜，就常常去地里挖来给我吃。可是现在这寒冬腊月，哪里能找得到堇菜呢？"

刘殷听到祖母的话，也沉默了。他望望窗外肃杀的景象，这个时候，田地里是不可能长堇菜的。虽然这样，刘殷还是挎着篮子出了家门，想去试试运气。

整个集市，刘殷从头转到尾，也没有发现有人卖堇菜。他又跑到冰冷的水田里找了半天，还是没有找到一棵堇菜。可是他想到祖母还在家里等着他回去：如果我两手空空进家门，祖母一定会非常失望的。我立志要照顾好祖母，可是连祖母想吃堇菜这样的小事我都无能为力。这可怎么办呀！

想到这儿，9岁的刘殷无助地在水田里哭了起来。他哭得十分伤心，整整持续了半日。这时候，不可思议的事情发生了，刘殷隐隐听到一个声音说："停下，不要哭。"他低头一看，在刚才哭泣时站的地方，忽然长出了堇菜。

他又惊又喜，急忙采回去给祖母吃。祖母看到堇菜，既惊讶又高兴："我还以为今年冬天一定吃不到堇菜了，没想到你还真的挖到了！"

刘殷从此天天都去水田里那个地方采堇菜，奇怪的是，尽管他每天都去采，堇菜却并没有减少。一直到了堇菜生长的时节，那里的堇菜才没有了。

后来有一天，刘殷晚上做了一个梦，梦到一个神仙模样的人告诉刘殷：西边篱笆下有粟米。醒了之后，刘殷回想起这个梦，像真的一样，历历在目。于是他半信半疑地找到了梦中说的埋着粟米的那块地方，一挖，果然挖到了粟米。刘殷还在疑虑这挖到的米是不是自己应得的东西，却发现在装粟米的筐子上写着"七年粟百石，赐孝子刘殷"。他把米搬回家，继续奉养祖母，果然是正好吃了七年，这些米才吃完。

后人认为，是刘殷的孝心感动了上天，使得寒冬的水泽中生出了堇菜，并且赐给他粟米，让他奉养祖母。所谓"精诚所至，金石为开"，年仅9岁的刘殷，一片孝心感动了天地。他的事迹也被后人传诵铭记。

爱而不教后悔晚

【原文】

吾见世间，无教而有爱，每不能然。

——南北朝·颜之推 《颜氏家训》

【译文】

我见到世间有些父母，对孩子只讲慈爱不讲教育的做法，常常不以为然。

家范箴言

古人提倡要热爱子女，《颜氏家训》中指出："骨肉之爱，不可以简，简则慈爱不接。"同时更加强调对子女要严格管教。宋代著名理学家朱熹曾经提出："爱子以正。"方孝孺提出："爱其子而不教，尤为不爱也。"其实就是说：父母爱孩子，要把握好爱的尺度，要有爱的智慧，对孩子进行教育，切忌宠爱孩子。

第一章 兴家立范：从严治家铸家魂

我国历来就非常重视对子女的爱与教育，父母对孩子常常语重心长，寄予厚望。陆游告诫儿子，做学问要在少壮时候下功夫，从书本上得来的知识是肤浅的，要真正掌握知识必须要重视实践。

如果对儿女只讲慈爱，不讲教育，那么孩子的品行就得不到保障，而且孩子也不会体恤父母的辛苦，更不会为父母分担忧愁。

为人父母者不可溺爱子女，而要注重做人的道德伦理教育。

家 风 故 事

叶圣陶：爱是最好的教育

叶圣陶先生可以称得上中国文学界的泰斗，可是这位泰斗却不希望他的子女跟他一样从事笔墨工作，他希望他们能跟普通人一样从事生产劳动。但是因为叶家世代都是书香门第，而且其子女们从小就受到叶圣陶的熏陶，所以到最后，他们还是都走上了文学创作的道路。

对于孩子们的教育，叶圣陶并没有将自己的喜好强加于他们身上，而是根据孩子的兴趣加以引导。

叶圣陶的大儿子叶至善在小学时的成绩非常不好，经常考试不及格。有一次期末考试后，叶至善拿着试卷低着头回到家中。叶圣陶的妻子见叶至善垂头丧气，知道他准是又没考好，便拿过他的试卷，一看才几十分，她有些生气地指着儿子教训了一顿。刚好父亲叶圣陶回家，见妻子很生气，便问是为何事。

知道是因为儿子没考好，叶圣陶便笑着摆出一副无所谓的样子。妻子见他一点都不为儿子的学习成绩着急，更加生气了。叶圣陶安慰妻子说："他的学习成绩不好并不代表他的智力不高，也不代表他将来不会在其他的方面有所作为，考分并不能代表一切。"

站在一旁的叶至善听了父亲的话，更感到愧疚，他决心留级一年，一定要好好学习，考出好成绩，不让父亲失望。

叶至善的动手能力非常强，喜欢在家里养蚕，拆装收音机、玩具。这些在叶圣陶的妻子眼里是不务正业，她认为儿子现阶段最重要的任务就是好好学习，将来能够上个好大学。但是叶圣陶从不希望子女们把上大学作为人生的唯一出路。他常跟他们讲："人生的路有很多条，并不一定要去挤大学这座独木桥，要根据自己的喜好和特长来发展自己，对自己的未来要有主见。"

所以，尽管儿子叶至善的学习成绩在别人看来非常差，但是叶圣陶还是鼓励儿子做自己喜欢做的事。有时儿子将家里的收音机拆得乱七八糟，他不但不责备儿子，反而和儿子一起坐下来，看儿子如何将收音机重新组装起来。家里有什么电器坏了，叶圣陶也是第一个找来大儿子叶至善，让他想办法来解决。

在父亲宽容和充满爱的教育下，叶至善以优异的成绩考入了中央技艺学校。后来对文学比较感兴趣的他又进入开明书店做了一名编辑，主编、策划了不少优秀的图书。

叶圣陶的小儿子叶至诚小时候比较淘气，性格较为浮躁，总是静不下心来，而且还非常贪玩。叶圣陶并没有对小儿子进行强制教育，而是根据他的喜好，对其进行爱的教育。

叶圣陶知道，要让一个人由浮躁变得沉稳、富有耐心，不是靠一两句话或一两巴掌就能做到的，那需要时间来帮忙。他想到了一个办法——钓鱼。于是叶圣陶买来鱼竿，只要一有时间，便带着小儿子去郊区钓鱼。钓鱼是最能锻炼一个人耐心的活动，叶圣陶通过这个活动，既满足了小儿子贪玩的特性，又慢慢培养了他的耐心。

在叶圣陶充满爱的教育下，其子女都在文坛上有所建树，为中国文学的发展做出了突出贡献。

同甘共苦兴天下

【原文】

子发攻秦绝粮，使人请于王，因归问其母。母问使者曰："士卒得无恙乎？"对曰："士卒并分菽粒而食之。"又问："将军得无恙乎？"对曰："将军朝夕刍豢黍粱。"子发破秦而归，其母闭门而不内，使人数之曰："子不闻越王勾践之伐吴耶？客有献醇酒一器者，王使人注江之上流，使士卒饮其下流。味不及加美，而士卒战自五也。异日有献一囊糗糒者，王又以赐军士，分而食之，甘不足蹦嗌，而战自十也。今子为将，士卒并分菽粒而食之，子独朝夕刍豢黍粱。何也？《诗》不云乎，'好乐无荒，良士休休'！言不失和也。夫使人入于死地，而自康乐于其上，虽有以得胜，非其术也。子非吾子也，无入吾门。"子发于是谢其母，然后内之。君子谓子发母能以教诲。《诗》云，"教诲尔子，式穀似之"，此之谓也。

——西汉·刘向《列女传》

【译文】

子发率兵攻打秦国而军粮断绝，派人向楚宣王告急，顺便去向他的母亲问安。子发的母亲问使者："士兵们可好吗？"使者回答说："士兵们只能一粒一粒地分着吃豆粒。"又问："将军还好吗？"回答说："将军一天到晚美味佳肴。"子发打败秦国胜利归来，他的母亲关门闭户不让他进去，派人责备他说："你没有听说越王勾践伐吴的事吗？有客人进献一坛醇酒，越王派人把酒倒在江的上游，让士卒在下游饮用。味道虽不比江水鲜美多少，而士气提高了五倍。他日有人献上一袋干粮，越王又把它赏赐给士兵们，大家分而食之，甘味虽不曾润喉，但士气提高了十倍。如今你担任将领，士兵们只能一粒一粒分着豆粒吃，你却独自早晚享用美味佳肴，这是为什么？《诗经》不是说过，'好娱乐不荒废正业，良士安闲乐融融'！就是说不要失和。你让士兵出生入死，而自己高高在上，享受安乐，虽然有幸打了胜仗，但不是你的本事。你不是我的儿子，不要进我的家门。"子发此时向他的母亲认错，母亲才让他进门。有才德的人都夸子发母亲擅长教育孩子。《诗经》说，"教育你的孩子，用善道使他为善"，讲的就是这个意思。

家范箴言

子发母亲教子的实践经验启迪人们：

1. 努力提高人品

丰富学识是教育好子女的必要前提。孟子说："幼吾幼，以及人之幼。"意思是说爱自己的孩子，并以此心推及他人的孩子。子发之母却是关心他人之子胜过自己之子，她是先问士卒后问将军"得无恙乎"。这一先一后还表明她深知使者的心理，营造融洽和谐的氛围，让使者坦率道出军中实情，而不瞻前顾后，闪烁其词。子发之母不但人品好，而且知书达理。她熟悉越王勾践伐吴等史事，甚至包括某些细节；她熟悉《诗经》，能精当地运用；她更懂得将士同甘共苦的政治意义，也就是"人和"在战争中的作用。儿子搞特殊化，纵然侥幸获胜，她也要让儿子吃闭门羹。子发母亲的难能可贵之处还在于批评人既摆事实又讲道理，很有针对性，很有说服力，同时讲究方法、分寸，让儿子心悦诚服而不至于产生逆反心理。

2. 教子也要注重调查研究，以便有的放矢地教育孩子

子发母亲不愧是个有心人，儿子派使者回家问安，她便不动声色地让使者反映儿子的真实表现。正因为真实地掌握了儿子不能与士卒同甘共苦的症

第一章　兴家立范：从严治家铸家魂

结，才能对症下药，帮助儿子认识自己的错误，进而改正自己的错误。如果子发母亲不向使者调查，她就不会掌握儿子搞特殊化的实情。儿子得胜回朝，母亲也可能会被胜利冲昏头脑，即使冷静，也只能是轻描淡写地提醒儿子要戒骄戒躁，哪里会知道藏在胜利之中的大祸。不了解子女的真实情况，显然无法对子女实施恰到好处的教育。

家风故事

田稷子之母教子

田稷子是战国时齐国的宰相，以廉洁奉公、勤政爱民而著称。而这种优秀的品质完全得益于他母亲的培养和监督。

齐宣王执政时期，田稷子由于办事认真负责，深得齐宣王的信任，被任命为齐国的相国。

被拜为相国后，田稷子整日公务繁忙，加之清正廉洁，俸禄微薄，无法更好地赡养母亲安享晚年，心中十分惭愧。

有一次，他的下级官吏为了讨好他，送给他百两黄金。田稷子为了表达自己对母亲的孝顺，就把这些黄金悉数送给了母亲。但当田母看到儿子一下子拿了这么多黄金出来的时候，她并没有因为突然拥有那么多的财富而高兴，而是仔细地盘问起田稷子。

她问田稷子："我听说志士不饮盗泉之水，君子不食嗟来之食。你做宰相，就是三年的俸禄也没有这么多，你怎么突然有了这么多黄金？你告诉我，你是从哪儿得到这么多钱的？难道是掠取民财、收受贿赂得来的？难道我过去对你的教诲你全都忘了？"

田稷子知道瞒不过母亲，忙跪倒于母亲身旁，泪如雨下，承认说："孩儿没有忘记母亲的教导。这笔钱是一个下级官吏送我的，他知道母亲大人年迈体衰，特让我表达一下诚意和孝心。孩儿因公务缠身，无法在母亲身边尽孝，深感不安，就请母亲收下孩儿的这份孝心吧！"

田稷子的母亲听后对他说："我听说读书人应该注意自身修养，为人要品行高洁，而且要诚实守信，不取不属于自己的东西，不做虚假欺诈之事，不工于心计，不取不义之财。言行要一致，表里要相符。现在，君王要你做宰相，给你高官厚禄，你就应该用自己的忠诚、廉洁奉公来报答君王的赏识与信任，只有这样，才是为人臣的忠，为人子的孝。如今，你的做法恰恰相反，取不义之财，完全背离了为人臣之忠，为人子之孝。不义之财我不想要，不孝之子我也不想要，你走吧！"

听了母亲的一番教诲，看到母亲的伤心，田稷子又是后悔，又是羞惭。于是，他决心改正过错，以不辜负母亲对自己的教育、君王对自己的信任。他很快就把贿金还给了行贿者，并把这件事情告诉了齐宣王，请求齐宣王治自己的罪。齐宣王知道了这件事情后，非常赞赏田母的见识与品德，深为齐国拥有这样的母亲而骄傲。并且，为了表明对田母的敬重，齐宣王并没有处罚田稷子，还让他继续担任齐国的宰相。

百姓听到了田母以廉洁感化儿子的事，都很感叹、佩服田母的德行，赞叹她廉洁正直，责备儿子不应拿取不义之财，并教他要忠心尽职，竭尽全力，不白白地接受职位与俸禄。天下的母亲，都应学习田母的德行和节操啊！

教子因材而异

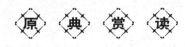

【原文】

余近年默省之，勤俭刚明忠恕谦浑八德，曾为泽儿言之，宜转告与鸿儿，就中能体会一二字，便有日进之气象。泽儿天质聪颖，但嫌过于玲珑剔透，宜从浑字上用些工夫。鸿儿则从勤字上用些工夫。用工不可拘苦，须探讨些趣味出来。

——清·曾国藩《曾国藩家书》

【译文】

我近年来默默反省，关于勤（勤奋）、俭（俭约）、刚（刚直）、明（明彻）、忠（忠贞）、恕（宽恕）、谦（谦让）、浑（质朴）这八种品德，曾教育过泽儿，应该转告给鸿儿，从这中间能体会一二字，就有日渐进步的迹象。泽儿天资聪明，反应敏捷，但总是太过玲珑剔透，应该从质朴上用些工夫。鸿儿则应该在勤奋上用些工夫。用工不能拘泥于困苦，必须找到一些趣味出来。

家范箴言

这封家书于我们至少有这三方面值得学习：一是为儿女的成才提出了八个方面的道德要求，而这些要求正是一名君子应该具有的品德。二是循序渐进的教育原则。三是根据子女的特点，要求各有侧重。可见，曾国藩在子女的教育上的确有他的独到之处，被称为"晚清第一人"很有道理。尽管这些教育子女的方法，已经距我们数百年之久，但是仍具有积极意义。我们教育子女不能急功近利，要求既要有整体目标，又要遵循循序渐进的原则，还要根据孩子情况而因材施教，不能用一个标准来要求。

家风故事

因材施教的故事

祖冲之是我国南北朝时期南朝杰出的数学家、科学家。他的主要贡献在数学、天文历法和机械三方面。他之所以能够成才，和父亲对他的严格教育有一定的关系。

祖冲之的父亲祖朔之是一位小官员，他望子成龙心切，总是希望祖冲之出人头地。据说祖冲之小时经常受到父亲的责骂。祖冲之不到9岁，父亲就逼迫他去背诵深奥难懂的《论语》。两个月过去了，祖冲之只能背诵十多行，父亲气得把书摔在地上，怒气冲冲地骂道："你真是一个大笨蛋！"

几天后，父亲又把祖冲之叫来，对他说："你要用心读经书，将来就可以做大官；不然，就没有出息。现在，我再教你，你再不努力，就绝不饶你。"但是，祖冲之却非常不喜欢读经书。他对父亲说："这经书我是说什么也不读了。"

父亲听了祖冲之的话，气得伸手打了他两巴掌，祖冲之就大哭起来。这时，祖冲之的祖父来了，当他得知事情的真相后，对祖冲之的父亲说："如果祖家真是出了笨蛋，你狠狠打他一顿，就会变聪明吗？孩子是打不聪明的，只会越打越笨。"接着，祖父批评祖冲之的父亲："经常打孩子，不仅不能起到任何作用，而且还会使孩子变得粗野无礼。"

祖朔之无奈地说："我也是为他好啊！他不读经书，这样下去，有什么出息？"

祖冲之的祖父批评说："经书读得多就有出息，读得少就没有出息？我看不一定吧。有人满肚子经书，只会之乎者也，却什么事也不会做！"

祖朔之听了不语，祖冲之的祖父又说："不能硬赶鸭子上架，做父母的，要明白孩子的理想和追求，不要阻挠，要加以引导，孩子才可能成才。"听了父亲的话，祖朔之同意不再把祖冲之关在书房里念书，还让祖冲之跟着祖父到建筑工地上去开开眼界。

祖冲之不用再读经书了，他感到非常高兴。有一次，祖冲之对祖父说，他对天文感兴趣，将来想做个天文学家，祖父对祖冲之说："孩子，我支持你。正好，咱们家里的天文历法书多得很，我找几本你先看一看，不懂的地方就问我。"

于是，祖冲之在祖父的支持下，使父亲也改变了对自己的看法。从此，父亲不教祖冲之学习经书，祖冲之对天文历法越来越有兴趣。后来，祖冲之终于成为一名著名的科学家，为后世做出了很大贡献。

第一章　兴家立范：从严治家铸家魂

怜人爱民

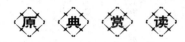

【原文】

天寒冰冻时，穷亲戚朋友到门，先泡一大碗炒米送手中，佐以酱姜一小碟，最是暖老温贫之具。暇日咽碎米饼，煮糊涂粥，双手捧碗，缩颈而啜之，霜晨雪早，得此周身俱暖。嗟呼！嗟呼！吾其长为农夫以没世乎！我想天地间第一等人，只有农夫，而士为四民之末。农夫上者种田百亩，其次七八十亩，其次五六十亩，皆苦其身，勤其力，耕种收获，以养天下之人。使天下无农夫，举世皆饿死矣。我辈读书人，入则孝，出则弟，守先待后，得志泽加于民，不得志修身见于世，所以又高于农夫一等。今则不然，一捧书本，便想中举、中进士、作官，如何攫取金钱，造大房屋，置多田产。起手便错走了路头，后来越做越坏，总没个好结果。其不能发达者，乡里作恶，小头锐面，更不可当。夫束修自好者，岂无其人；经济自期，抗怀千古者，亦所在多有。而好人为坏人所累，遂令我辈开不得口；一开口，人便笑曰：汝辈书生，总是会说，他日居官，便不如此说了。所以忍气吞声，只得挨人笑骂。工人制器利用，贾人搬有运无，皆有便民之处，而士独于民不便，无怪乎居四民之末也！且求居四民之末而亦不可得也！

——清·郑板桥《板桥家书》

【译文】

天气寒冷结冰上冻的时节，穷亲戚朋友上门来，先泡一大碗炒米送到他们手中，再用一碟酱姜相佐，这就是温暖老人、穷人最好的东西了。空闲之日嚼咽碎米饼子，煮糊糊的稀粥，双手捧碗，缩着脖子喝粥，在下霜落雪的清晨，喝下粥全身都暖和。啊！啊！我难道不是可以长久地当农夫而终其一生了吗？我想天地间第一等人只有农民，而士大夫则是农民、工匠、商人、士这四民中的末等。上好的农民种田百亩左右，次一点的种田七八十亩，再次一点的种五六十亩，都是自己受苦受累，出尽气力，耕种收获，来养活天下的人。如果天下没有农民，那整个世上的人都要饿死了。我们这些读书人，在家则孝敬父母，出门则尊敬兄长，遵守先辈的礼法道义并用来培育后代。自己得志就让民众得到恩惠，自己不得志就修养身心而活在世上，因此又比农夫高一等。现在却不是这样，有些读书人，一捧书本，便想中举、中进士、做官，想着怎样搜刮金钱，建造大房屋，购置很多田产。他们从开始就走错了道路，后来越做越坏，总没有个好结果。他们之中不能发达的人，就在乡里作恶，削尖脑袋钻营，更是不可阻挡。约束自己洁身自好的，难道就没有吗？把经世济民作为自己的志向，心怀高尚的节操流传千古的，也到处都有很多。可是好人被坏人所连累，于是让我们开不得口；一开口，别人便笑着说：你们这些书生，总是会说，到时候当了官，就不这样说了。所以忍气吞声，只得挨人笑骂。工人制造器物供人们使用，商人互通有无，都有方便民众之处，而唯独读书人对民众有很大的不便，难怪要处在四民的末尾了。况且即使寻求处于四民的末尾恐怕也不能得到啊……

家范箴言

郑板桥这封家信，内容丰富而深刻。一是表明作者"以农为本"的进步思想；二是批评读书人一心想当官，一心想着权势地位，甚至作恶乡里、祸害百姓的行为，表明自己"经世济民"的儒家传统思想；三是强调要尊敬农民、扶贫济困、礼貌待人。这三方面充分体现了郑板桥做官为人的思想。当今经济发展，城市人口增多，在城市居住的人要教育子女像郑板桥那样要尊敬农民，热爱劳动。

家 风 故 事

张华舍生救农民

张华是第四军医大学空军医学系七九级的学员，为抢救一名淘粪落入粪池的社员而光荣牺牲。他的行为表现了当代大学生的崇高美德，闪耀着共产主义思想的光辉。

张华是黑龙江省虎林市人，出生在一个军人家庭。由于受到家庭的良好教育和熏陶，从上小学一直到高中毕业，屡次被评为三好学生、学习雷锋标兵，并光荣地加入了中国共产主义青年团。工作后曾多次被评为劳动模范、优秀共青团干部。入伍后，加入中国共产党。同年考入第四军医大学。

1982 年 7 月 11 日，是个星期天，张华很早就起来了，心情十分高兴。这是因为暑假将至，他准备在假期做一次旅游。由于不能回家了，细心的张华给弟弟妹妹买了衬衫、胶鞋等许多礼物。趁这个星期天，他想去看望一位同学的奶奶，并托人把礼物捎回家去。他以往经常利用业余时间，帮助老奶奶干这干那，今天还要给老奶奶照相。他向班长请了假，带上相机和要捎回家的东西，就急忙乘车进城。当到了城里的康复路南口时，突然在马路那边的公共厕所里传来了"救人"的急促呼救声。张华立即冲过马路，直奔出事地点。原来是一位社员疏通粪道，掉进粪池里。想救人的和看热闹的把粪池团团围住。他分开人群，甩掉给家里带的东西和照相机，脱掉军衣、军帽，拉开一位年纪大的老同志说："您不要下去，让我下。"说着，他就顺着别人早已准备救人用的竹梯下到几米深的粪池中。不一会儿，看见他从粪水中把人拉起来，对上面的人喊："快点，放绳子，人还活着！"被救上来的是一位 69 岁的坝桥区新筑公社社员魏志德。刚救上魏志德，张华就被浓烈的沼气熏昏，倒入粪池中。在众人的努力下，张华被救上来了，并被急速送进了医院。然而，张华因严重中毒，窒息时间过长，心脏停止了跳动。

张华舍己救人的事迹，传遍了古城西安，传遍了中华大地，张华——新一代大学生的楷模，他用生命谱写了一曲舍己救人的颂歌。

家教兴，美德存

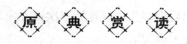

【原文】

夫言行可复，信之至也；推美引过，德之至也；扬名显亲，孝之至也；兄弟怡怡，宗族欣欣，悌之至也；临财莫过乎让。此五者，立身之本。颜子所以为命，未之思也，夫何远之有！

——《晋书·王祥传》

【译文】

言论和行为经得起审察，这是最诚实守信的表现；把好处推让给别人、自己承担错误，这是最高尚的品德修养；干出一番事业，能光宗耀祖，这是最大的孝顺；兄弟和乐，宗族和睦，这是最好的亲情；面对钱财，最佳的选择是让给别人。这五条原则，是你立身行事的根本，颜回把它视作生命，你们想过没有？有什么理由不去这样做呢！

家范箴言

对自己的言行修养，对品德的磨砺，对父母的孝顺体现，对兄弟、邻里的关系处理，对金钱的态度，这五者是最能审察人的。王祥对这五点提出了自己的见解，并告诫儿孙。这不单单是告诫他的儿孙，对后世的家庭教育也有积极的教育意义。

031

第一章 兴家立范：从严治家铸家魂

师春姜教女

春秋战国时期，鲁国有一位母亲叫师春姜，她正直朴实、通情达理。她有一个女儿，出嫁给邻村一户人家。出嫁后没多久，竟连续三次被婆家赶回娘家。每次回到家里，女儿总是说婆家这不好那不好，从来没说过自己有什么过失。

师春姜是一位正直朴实、通情达理的劳动妇女，向来对女儿要求很严格。女儿的婆家也是一家很好的人家，师春姜早有耳闻。在不长的时间里，女儿三次被赶回娘家，她觉得这里边一定有什么缘由。女儿虽然说她自己没有什么过失，可师春姜认为不能只听一面之词，更不能偏听偏信。于是，她决定亲自到女儿婆家打听一下这究竟是为什么。

女儿的公婆对师春姜说："您的女儿到我家以后，我们从未虐待过她，这您可向邻人打听。可她，经常与大姑、小姑、妯娌闹矛盾、吵嘴，脾气不好，对人很没有礼貌。我们管教她，她也不听。让邻居看了都笑话。"

师春姜一听，非常生气，连连向亲家赔不是，表示回家后一定严加管教。

回到家里，师春姜把女儿叫到跟前，狠狠地训斥道："你作为婆家的媳妇，应当懂得做媳妇的道理，要孝敬公婆，同家人和睦相处，搞好关系。而你呢，骄傲放纵，出言不逊，今天和这个人闹别扭，明天又和另外一个人吵嘴，这太不像话！婆家人把你赶回娘家，这是多么丢人的事，你应该接受教训。可是你还不认错，强词夺理，根本没有悔过的意思。在你出嫁之前，我曾给你讲过多少次，要你和婆家人好好地相处过日子，可你却是把我的话当耳旁风，根本不听，你不是我的女儿！"

师春姜越说越生气，抄起鞭子就把女儿痛打了一顿。并把女儿留在身边，继续进行教育。

从那以后，师春姜的女儿在娘家住了三年。经过母亲的言传身教，逐步懂得了做媳妇的道理，表示要牢牢记住母亲的教诲，以后一定处事谨慎，同婆家人搞好关系，师春姜这才把女儿重新送到婆家。在后来的日子里，师春姜的女儿知情达理，处处严格要求自己，公婆家人十分满意，她也得到邻居的好评。

　　古代母亲师春姜发现自己的女儿出嫁以后，没能做好媳妇的分内事，她不偏私，不护短，严于律己，竟留女儿在身边教育训练三年之久，真是难能可贵。

第二章

鲲鹏展翅：
志存高远彰家范

　　古往今来，很多名人志士都以天下大事为理想，胸怀伟大志向勇闯天下，最后成就霸业，他们的奋斗历程与拼搏精神对今天的我们有很好的指导作用。在新时期下，我们要以他们为榜样，学习弘扬立志拼搏的精神，为自己的事业拼搏奋斗。

人，贵在立志

【原文】

曾夫子致其弟函曰："余蒙祖宗遗泽，祖法教训，幸得科名，内顾无所忧，外遇无不如意，一无所缺矣。所望者，再得诸弟强立，同心一力。何患令名之不显？何患家运之不兴？"余意与曾公之意正同。余与诸弟虽隔千里，盼望诸人之心未尝或断。每间一月，乃作一函训诸弟，未知诸弟对余意如何？

——《清代四名人家书》

【译文】

曾国藩老师在写给他弟弟的书信中说："我承受着祖宗遗留下来的恩惠，熟知效法先人的教导，有幸获得科举考试的成功，家里的事情没有什么需要挂念的，外边碰到的事情也没有什么不顺心的，可以说没有一件事不满意。我所希望的，更需要各位弟弟立志自强自立，齐心合力。如能做到这样，就不必去忧虑好的名声不会表现出来，不必去忧虑家庭运气之不兴盛。"我的想法与曾国藩老师的想法正相吻合。我与各位弟弟虽然相隔千里之远，但盼望你们自强自立的心愿未曾间断。每隔一月，我就写一封信开导你们，不知你们对我的想法是如何理解的？

家范箴言

李鸿章借用曾国藩家训的话语，以平等的姿态反复开导他的弟弟们要立志自强自立，个个学好，人人名就功成。这虽然是从一家一姓之兴旺发达这个目的出发的，但从中可以看出李鸿章对治家的理论颇有研究，抓住了问题的要点所在。因为兄弟之间的言行好坏，是否立志自强自立，关系到长辈的榜样作用如何的问题。

家风故事

青春有志终辅国

王安石（1021—1086），字介甫，号半山，抚州临川（今江西抚州）人，是北宋著名的政治家、思想家和文学家，他提出并组织了历史上有名的变法运动，史称"王安石变法"。

王安石出生在一个小官吏的家庭，父亲当过几任地方官，或东或西，常有调动，小安石跟着父亲东奔西去，长了不少见识。父亲对他要求十分严格，很小就让他接触诗书，吟词诵句，每日还要亲自考问，每次小安石都对答如流，由此，他头脑中记下了不少东西，少年以后显得很有才气，也很自负。

1038年，王安石随父去江宁府（今南京），故交属下前来拜望，王安石有时在场，人家纷纷当面夸奖他一表人才，风度翩翩，气度不凡，定有出息，问他多大年纪，父亲说快17岁了。王安石蓦然一惊，心中顿悟：孔子十五而志于学，自己已过了立志之年，可还不知将来要干什么，若不早定努力方向，此生岂不一事无成？当时不禁出了一身冷汗，他暗自庆幸总算意识到了这一点。后来，他经过思索，决定钻研经世致用之学，探索强国富民、医治社会痼疾的良药，辅佐君王，立志在政治上干一番大事业。

江宁府辖区广大，藏书甚丰，王安石专选古代经史子集比较着阅读，用心思索各朝代帝王治国之策与成败之因。他特别关注古代贤君的强国之道，如汉武帝刘彻、唐太宗李世民。他还喜欢走出书斋，与各层人士交谈，有时还深入农户，请教耕种桑织之事、兵役赋税之繁，倾听民众的心声。这些活动使得他既知书本又察民情，对后来实行变法，影响甚深。

1042年，21岁的王安石首次投身科场，一举考中进士，且名列前茅，随即赴扬州为官。到任后，这位年轻气盛的地方官就轻车简从，遍访民间，

第二章 鲲鹏展翅：志存高远彰家范

调查了解作物丰歉、民夫疾苦，采纳建议，兴利除弊，做了好些利民的好事。他为官清廉，主持正义，深受百姓的拥戴，以至于后来调他到浙江鄞县做知县时，百姓依依不舍，夹道送行者逾万，"王大人好"之声不绝于耳。在鄞县，他一如既往，10天时间跑了14个乡，大力督劝乡村疏浚水渠，收防洪灌溉舟楫之利。在江南东路任提点刑狱时，他建议政府改革茶叶专卖制度，扭转了茶叶质量低劣而价格昂贵之弊，稳定了政府岁入，又使茶农商人得益，赢得了大家的拥护。

王安石白天为公务奔波，夜间仍攻读书史，有时甚至通宵达旦，为此还闹出了一场误会。一天早上，有位同僚在衙门里碰见他，见他衣冠不整，脸上不洁，以为他在家里整夜酗酒，就教训他说："年纪轻轻的，不该如此放纵。"他连连点头说："有理！有理！"未做任何解释。后来那位同僚了解真相后，才知道他并非通夜喝酒而是看书，十分感动。这件事一传开，大家都佩服他心胸开阔，志向远大，连欧阳修等名士都亲自向皇帝举荐他。

仁宗之后神宗即位，20岁的年轻皇帝锐意改革朝政，广求治国良才，知道王安石有抱负，即招来京城，委以翰林院学士，后拜同中书门下平章事，次年又做宰相，王安石辅君治国之志如今实现有望了。

1069年，在神宗的大力支持下，王安石开始变法运动。他颁布了一系列政治、军事、经济方面的新法，开始了一场规模宏大、意义深远的政治改革。在富国上，他主张不加赋而使国富足，即通过管理和节用满足国家需要；在强兵上，他改革兵制，减兵并营，全国兵员由仁宗时的120多万减至不足80万；他还改革科举、教育，整顿太学，设立武学、律学、医学，等等，结果，在以后的十多年中，国家物价下跌，收入增加，王朝振兴，国力增强，兵力减少却两次克敌制胜，收复大量失地。

改革不可能一帆风顺，反对变法的人相当多，宦僚大贾对将他们的田赋收归朝廷的做法十分不满，以司马光为首的保守派攻击王安石把祖宗的旧法都丢掉了，连圣人孔子也不要了，骂他是大奸臣，甚至荒谬地把那几年发生的水灾旱灾也说成是变法带来的上天惩罚。为此，王安石写了《答司马谏议书》予以驳斥，表示为国忘我变法求新决不动摇。

1085年，神宗死后顽固派得势，新法被废除，次年，65岁的王安石也在悲愤交加中抑郁而逝，但他的勇气、他的革新精神激励着后代的改革派，他被列宁称赞为"中国 11 世纪的改革家"，实在当之无愧。

大丈夫志存高远

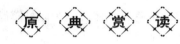

【原文】

志当存高远，慕先贤，绝情欲，弃疑滞，使庶几之志，揭然有所存，恻然有所感；忍屈伸，去细碎，广咨问，除嫌吝，虽有淹留，何损于美趣，何患于不济。若志不强毅，意不慷慨，徒碌碌滞于俗，默默束于情，承窘伏于凡庸，不免于下流矣！

——三国蜀·诸葛亮《诸葛亮集·诫外甥书》

【译文】

人的志向应该向高远处树立，要仰慕先贤，杜绝贪欲，抛弃有害身心的思想障碍，使先贤的志向在自己身上得以很大程度地保留，在自己的内心深深地引起震撼；要能屈能伸，丢弃琐碎，广泛地向人请教咨询，去除猜疑和吝啬，这样即使受到挫折而滞留，也不会损伤自己美好的志趣，又何必担心达不到目的。如果立志不坚强刚毅，情怀不博大、激昂，就会仅仅滞留在世俗中庸庸碌碌，无声无息地被世情所捆绑，继续在凡庸之中匍匐不起，难免不落入下流中人！

家 范 箴 言

通向志向的道路，注定是对现状的打破和跨越，志向无疑要高出现状。现状的阻力主要在三个方面：其一是盘踞在自己内心的思想迷障，它让人迷恋困境危局，不肯慷慨上路。其二是纠缠在身边的俗务的诱惑，它让人陷入处插手、事事计较的心结，在广泛无休止的忙碌中掏空了自己的志向。其三是来自一把藏在心头的嫉妒的剪刀，它把身边朋友的进步变成自己心灵的内伤和剧痛，在平静的岁月如坐针毡。这是一颗狭小得难以承受壮志的心灵啊！只有让心灵宽舒和激昂起来，才能突破现状的重围，开辟出一条遂志的道路。

家风故事

丈夫有志做鲲鹏

战国时期，在宋国蒙邑的一条狭窄颓败的陋巷里，住着一个以打草鞋为生的汉子，他就是道家学派代表人物之一的庄子。

庄子姓庄名周，约生于前 369 年，几乎与孟子是同时代人，同样在仕途上不顺。

庄子祖上曾有过辉煌，父辈还是宋国贵族。宋灭亡后，他家也衰败了。有人曾为他谋得一个漆园吏的小官儿。年轻的庄子上任后本想好好干一番，可目睹当权者之间尔虞我诈，实在看不惯且又遭排斥，就弃官不做回家了。这次涉足官场的时间不长，却对他影响很大，从此看破"官"尘，以后"终身不仕"，而且对官吏一概没有好的印象，主张无为而治。

没有官职也就失去了俸禄，断了衣食之源，庄周又缺乏谋生技艺，家道日益没落，生活十分贫困。生活的艰辛犹如一块砺石将庄周的志向之剑磨得更加锋利。他是个胸怀开阔、眼光远大的青年，未曾向困苦屈服。有时断了粮，就向人家借点小米度日子。那时候思想界很活跃，儒、道、墨、法、医、农、兵、商百家争鸣，以孔子为代表的儒家影响最大。到底谁家最正确？庄子没有盲从，而是涉猎各家学说，看看、想想、比比，着重研究了儒家的诗、书、礼、乐和孔子的仁爱，以及墨子的兼爱、非攻、节用的学说，比较了这两家"显学"的曲直异同，还读了老子的《道德经》，思索着分辨各家的高低深浅，很快成为精通诸子，激扬百家，出言有据，辩风雄健的学者。

在庄周潜心钻研、学问增长之时，他的家庭更加衰落，他再也顾不了贵族家庭的面子，搬到一条陋巷中与百十户平民们住在一起。老向人借谷米总不是长久之计，庄周无奈，只得向一位白发老农请教，那老农夫见他可怜，就教他编草鞋的手艺。从此庄周以打草鞋为生，他跨坐木凳上，双手搓着硬稻草，编来扭去做成一双双草鞋，到集市上就可换回柴和米了。有时草鞋没卖出去，就向邻居借一碗米粟糊口，因此饱一餐饿一顿是常事，人也长得面黄肌瘦。

忽有一日，时来运转，一匹黑骏马在小巷口停下，跳下一名皇宫差役直奔庄周的小屋。原来有人向魏王举荐庄周博达善辩，是可用之才，魏王要召见他。可惜庄周生性洒脱，不善包装，从板凳上站起来放下手中的稻草，就穿着那身破破烂烂的衣服，带着一身尘土去见魏王。走在半路脚上穿的草鞋带子踩断了，他结了结又穿上，跟那差役进宫门上朝堂。远远只见魏王一身罗绮，满脸红光，高高在上。可魏王瞧庄周破破烂烂的一副狼狈肮脏相，活像来了个要饭的。"庄周原来如此！"魏王心里暗想着，不觉皱了皱眉头，说道："你怎么这么懒呢？"意在批评他头不梳衣不洗。庄周却不客气地回答说："大王，这是穷不是懒。士人有治国之策而不行，才是懒。"庄周话中对魏王不寻良策不求国富进行了讽刺。魏王碰了个钉子，自觉没趣，也看不惯庄周那副模样，心里不想重用他，就把他打发走了。

庄周的名声越来越大，传到楚国，楚威王派出使者，以千两黄金之重礼聘请他去楚国当宰相。使者一路风尘赶到宋地，在陋巷中见到了庄周，说明来意后，便将黄金捧上，摆得满满一桌子。邻居们见了一个个惊得目瞪口呆，羡慕庄周要一步登天从此过上好日子。谁知庄周冷冰冰地说："千金固然是重礼，卿相也确为尊职，可是你没见过祭神用的牛羊吗？好料饲养何其舒服，一旦出肥杀做祭品，这时想做头猪活下来也不可能了。我只求精神快乐，不愿做牛羊类的卿相。你走吧！"楚使只好收金退出。

此后庄周依然一边编草鞋一边钻学问，他尤推老子，继承和发展了老聃的学说，同儒、墨两家相辩，著书立说，洋洋十万言。《汉书》收录的《庄子》有 52 篇，今仅存 33 篇。《庄子》是先秦道家思想的总集，司马迁说他"其学无所不窥"。庄周不但是一位哲学家，也是一位杰出的散文家，他想象奇特，气魄宏大，又寓谐于趣，其代表作《逍遥游》一开头就说："北冥有鱼，其名为鲲，鲲之大不知其几千里也，化而为鸟，其名为鹏，鹏之大不知其几千里也。怒而飞，其翼若垂天之云……"千百年来，人们把鲲鹏作为志

第二章 鲲鹏展翅：志存高远彰家范

士的象征。李白曾写下"大鹏一日同风起，扶摇直上九万里"诗句自励，一代伟人毛泽东也教导青少年要有鲲鹏之志。鲲鹏不仅仅是一种想象，实则也是庄子人生理想的物化。他正是一只扶摇直上九万里的大鹏。

立长志者步步达

【原文】

立志不高一步立，如尘里振衣，泥中濯足，如何超达？

——明·洪应明《菜根谭》

【译文】

在世立身如果不能比别人站得更高，立志更大，就会像在尘土里抖衣服上的灰尘，在泥水里洗脚，如何能超凡脱俗，成就大业呢？

家范箴言

立志难，立长志更难。但是立长志，即多一分"身后意识"，就像多了一双睿智的眼睛，时时给我们添一点远见，一点对现实更为透彻的认识，这样会更利于我们事业的成功。

成功贵在坚持不懈，贵在矢志不渝。请记住这句话：所谓英雄，并不比普通人更有运气，只是比普通人具有延续最后5分钟的勇气。生活中确实有许多这样的人：今天想干这个，明天想干那个，样样通又样样松，最后导致自己一事无成。而真正的成功者总是在确立了一个志向之后，便"咬定青山不放松"，有一种"不达目的誓不罢休"的执着，这种"立长志"的人才是真正的有志之士。

志比天高功悬子午

683 年，在魏州昌乐的一个缙绅之家诞生了一名婴儿，他看似与普通婴儿一模一样，可是后来非常了不起，成为我国著名的天文学家，他就是唐代的僧一行。

一行本姓张名遂，是唐初襄州都督郑国公张公谨的孙子。张家是世代为官的人家，书香气极浓。而且，他祖父、父辈一个个白发青丝，仍好学不倦，老少诵读诗书之声四季不绝于耳。且张家祖训，对子女不娇不惯，家教甚严。张遂还不到 2 岁，即每日有一时刻握笔涂鸦习字。稍长，父亲又为他聘严师蒙学，使他早晚跟那老先生诵读对课，与诗书为伴。这样的训导日积月累，张遂被引入了求学之门，自幼甚能自律，10 多岁的年纪就已博览群书，精通历象、阴阳五行等学问。后来他将家藏书读了个遍，就向左邻右舍借读。有一次借到大学问家严崇那儿去了，严崇听说他对历象有兴趣，就把扬雄所著的一本极难读的《太玄经》给他读。几天后张遂就前来还书，严崇有些不悦，批评张遂钻研学问浮浮躁躁，说道："这本书旨意深奥得很，我钻读多年尚未通晓，你为什么不下功夫多读几遍呢？"哪知张遂坦然地回答："我已经完全读懂了。"说罢，拿出自己写的《大衍玄图》和《义诀》两稿给他看。尹崇仔细读过，不禁拍案叫好，这才相信他所言是事实，以后逢人便称赞，说他是"当今颜子"。这样，张遂的名声也就传播开了。

张遂读的书越多，头脑中的知识越多，可心中要解开的疑难反而更多，而周围比他高明、可以请教的人更少了。经历了一段苦闷之后，激起了他的志向：就天下之师，成旷世之才。他把视野从魏州、襄州扩展到洛阳长安以至全唐，决心凭一双脚板远寻求师。为了弄懂一个问题，他往往不惜跋山涉水，亲叩师门。有一次，他在计算一道题时，怎么也解不开，就告别家人，不远千里，步行到东南方的天台山国清寺拜师。正是这种决心和志向，像灯塔一样，指引他不畏艰险以苦为乐，在科学的高峰上孤身奋进登攀。

先哲有言："福兮，祸所倚；祸兮，福所伏。"张遂年纪轻轻成了有名的学者，为他赢得了声誉和朋友，同时也险些招来一场灾难，他最后改姓埋名出家为僧才保全了性命。

原来，当时女皇武则天坐上了皇帝宝座，她的侄儿武三思也入朝为官。他恃权杖势，显赫一时，人人畏他三分。武三思原在乡里是个挑衅生事、强勒硬要、声色犬马、劣迹昭著的小无赖。进京后摇身一变，披上了官服，又想附庸风雅，装点门面，扩展自己的势力，竟然点名要张遂与他交朋友。张遂岂肯同这种人为伍？便断然拒绝。武三思听说张遂不识相，传下话说要刀刃相见。张遂无奈只好乘月黑风高之夜逃出京城奔走他乡，出家当了和尚，取名一行，拜在嵩山沙门普寂名下，后来又步行到荆州当阳山，潜心钻研学问，不与武三思之流同流合污。

一行隐姓埋名深居寺院多年，直到唐玄宗即位后才敢与人有所交往。玄宗励精图治，八方网罗人才，得知一行下落后，派一行的族叔前往荆州请一行出山。一行也有志为国效劳。出山后，玄宗委任他修订历法。从此，一行的满腔热血注入历法中了。

然而，修订历法谈何容易。既要熟悉前人的经验长处，又得精通天文算学知识，还要借助一大批复杂的天文仪器，而当时这些条件都不具备。一行并未畏难，他带着一帮人住在京郊，日夜钻研苦干，首先造出了几种必需的天文仪器，如黄道铜仪和浑天铜仪。黄道是太阳运行的轨道，有了黄道仪就可以测出日月星辰在轨道上坐标位置。浑天仪则是一种结构复杂的天文仪器，由汉代张衡首创，此次一行多加改进。浑天仪上以周天为像，布列星宿，装有齿轮，注水激轮，昼夜自转，又设有两个自动木人，一个每刻击鼓，一个每时敲钟，机巧无双，这是一行所创世界上最早的自鸣钟。

有了这些仪器，一行就重新着手测定宇宙中150多颗恒星的位置，发现与古书记载不全相符，推知恒星并非永不运动，揭示出恒星亦运转的秘密。在欧洲，直到1718年英国天文学家哈雷才有了这一发现，这比一行的发现晚1000多年。一行还在世界上第一次测量了地球子午线的长度，也比西方早了近百年。而一行最大的成就要数革新历书，编制了《大衍历》，用时间间距不等的方法提出了比较接近天文实际的24节时间。在复杂的计算过程中，他运用了不定方程式的高等算学，这在1300多年以前是一件多么了不起的成就啊！

一行死后，玄宗赐他"大慧禅师"谥号，亲书碑文，并拨50万库钱为他在洛阳造塔，以纪念这位有志气有成就的僧人。

树立远大理想

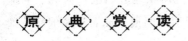

【原文】

争目前之事，则忘远大之图；深儿女之怀，便短英雄之气。

——明·吴麟徵《家诫要言》

【译文】

斤斤计较于眼前之琐事，就会忘记高远而伟大的志向；深陷于男女缠绵之情，就会缺少英雄豪壮之气。

家范箴言

这则家诫告诉我们，立身处世应当志向高远，莫让眼前利益绊住自己的脚跟。如果为了一时的是非得失而徘徊犹豫，就会浪费宝贵的时光；如果过分迷恋于儿女之情，则容易意志消沉。若想成为才智过人的英雄人物，就必须时刻谨记自己的远大理想，切勿随波逐流、庸庸碌碌地虚度人生。

家风故事

小瓦屋中大发明

北宋时期，书籍印刷业相当繁荣。在大别山南麓的险峰天堂寨下（今英山县城外），有一座宽敞却低矮的黑顶瓦屋，里边终日传出"咚咚当当"铁器击木的沉闷声响，其中夹杂着人们的一声声咳嗽。原来这是一座手工工场，10多个工匠正在酷暑中赤裸着臂膀，神情专注地低头雕刻着各自的木板。他们在一块块木板上刻上一行行蚊蝇般大小的文字，再印成一本本书。

突然"啪"的一声响，像是钝器敲击硬物，接着传来一声惨叫，一个10多岁的男孩哎哟哟哼叫着逃了出来。只见他左手按住头颅，那殷红的鲜血正从指缝中流出来，惨不忍睹，可那打人的师傅还在破口大骂："死东西，一块版雕个把月，谷吃了几十斤，眼看快成功了却把它雕坏了！"说罢气呼呼又万般惋惜地把那雕坏的木板拿在手上反复看着，那上边麻麻密密都是字，唉，难怪他生气。

挨打的学徒姓田，绰号"蒜头鼻"，他蹲在地上抽泣，血流了一地。这时，出来了一位身穿青布裤的小伙子，很瘦弱但很机灵。只见他从荒地上扯了些草药敷在"蒜头鼻"的头上，想安慰他却又无话可说。

这小伙子姓毕名昇，在这儿当学徒3年了。师弟们因不小心刻错一个字坏了一块板而挨打的事，他见得多了。师傅们的凿刀打在别人头上就像打在他心上一样，他常常叹息说："要是有什么办法防止出错，大家不再挨打就好了。"时间久了，他竟暗暗立下志向：一定要想出个新法子来！

有一年春节，作坊小屋也透出点喜气，大师傅们把一张红纸裁成四块写了"福多灾无"四个字贴在门庭两边。可次日一早起来却变成了"福无灾多"。是哪个坏家伙移动了字的顺序拼排出这恶语来？查来查去，"蒜头鼻"又挨了一顿好打，并逼着他重新调动了"多"和"无"的位置。

这件事算平息了，新年却过得不快活。晚上，毕昇为"蒜头鼻"抚伤口，"蒜头鼻"直喊痛，并说今夜要再去把字调过来。毕昇心中却猛然电光火石般地一亮，狂喜大叫起来："有办法了！我有办法了！"从次日起，每天下工后，人们总难以见到毕昇，他一个人躲在厕所边的杂房中鼓捣着什么。他把长木条锯成一个个小木块，在小木块的一端刻着字，忙得不亦乐乎，又神秘兮兮的。师傅们见了免不了丢下一句话："这孩子挺怪的。"

几个月后，毕昇终于鼓起勇气告诉大家：他有一种印刷新方法，不必一块整板一块整板地刻字，也不用担心刻坏一个字而废版，他的方法是把字刻在一个个小木块上再拼组在一起。

师傅们很感兴趣，可是试印之后效果不好，那些小木块很难拼得一般平，印出的字有的成了墨团，有的又不清晰，像一个大麻脸，大师兄气得骂了声"胡扯蛋"，猛一脚把活版上的小木块踢得满天飞。

毕昇很伤心，但不气馁。他拣起小木块洗净沙土，又钻进小屋倒腾起来。

几年后，毕昇终于完善了他的活字印刷技术，其方法是配备铁板、铁范。活字放在铁板上，用松香粘住拍平，再用铁范圈住，就很平展，很结实了。印出的书既清晰又干净，速度比雕版快几十倍，更重要的是不用担心刻错，而且活字能反复使用。不久，远远近近的人都来向他求教，新印刷术从大别山向北向南、向东向西传播着，后来又从亚洲经阿拉伯传到欧洲。

雕刻工匠们的梦想实现了，小徒弟们再也不因刻错了而挨打，毕昇的理想变成了现实，他也成了人们永远纪念的活字印刷术发明家。

有志者，事竟成

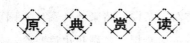

【原文】

有志者，事竟成。

——南朝·范晔《后汉书·耿弇传》

【译文】

有志气的人，事情终究会成功。

家范箴言

志是人生奋斗的方向，有什么样的志向，就有什么样的人生。树立远大的志向如同登高望远，站得高，才能看得远，看得远，才能心胸开阔，超凡脱俗，建立不朽功业。相反，志向不大，整日为琐碎小事，忙忙碌碌，一味沉迷于私人情感，生活在庸俗的氛围中，必然摆脱不了平庸的命运。

中国古代提倡立大志。北宋范仲淹"以国家为己任"，南宋岳飞的"精

第二章 鲲鹏展翅：志存高远彰家范

忠报国"，都是高远之志。立大志不是专注于眼前，也不是专注于自我，而是为国为民，为天下苍生谋福利的高尚追求。以这样的大志为目标的人生，使有限的个体生命，在伟大的事业中不断得到扩充和提升。

一个人追求的目标越高，他发展得就越快。志大的人像山一样屹然不动，而志小的人，则像蓬草飞舞，浮萍漂浮。伟大毅力只为伟大的目标而产生，所以，一个人的志向大小在一定程度上决定了他将伟大还是渺小。

家风故事

千古一帝成伟业

前259年正月的一天，在赵国都城邯郸的一家客馆里，一个婴儿呱呱坠地。因为正月所生，父亲给他取名政（正）。这婴儿非同一般，他就是后来大名鼎鼎的秦始皇。为何他出生在赵国呢？原来他父亲异人是秦国国君之子，按惯例被派到赵国做"人质"，所以秦始皇就诞生在异国他乡了。

嬴政在赵国度过了童年，父亲每日闲来无事，就把心思用在儿子身上，教以诗文，督练武功，并给他讲列祖列宗为强秦富国所建立的功勋。他非常用功，每日庭院练拳脚，入室捧诗文，常对父亲说，将来要让秦比六国更强盛，成为新霸主。异人看在眼里，喜在心头，心想："嬴政也许是个有出息的孩子呢！"

嬴政9岁那年，父子双双返回秦国都城咸阳，二人好不高兴。不久，异人继承了王位，号称庄襄王，嬴政成了太子。可惜异人没有福气，3年后就驾崩了，这样，13岁的嬴政登上了王座。按秦国法律，国君若不满21岁则要由王后和丞相代理国事。当时的丞相叫吕不韦，他和秦太后关系暧昧，而掌握朝政的实际是吕不韦的舍人嫪毐。三个人狼狈为奸，只想对小秦王欺瞒蒙骗，到时一脚踢开。嬴政虽然年少却很机智，每次朝廷议事，无论是政治、经济、外交、军事，他都用心倾听，从官员们对立意见的论辩中理解军事、外交的错综，治国安邦的复杂，朝臣文武的分野，党羽人心的向背，一天天地成熟起来。而此时大国争霸愈演愈烈，北齐南楚，日夜对秦虎视眈眈，内忧外患使年轻的秦王急欲亲理国事，实现统一天下的决心和志向。可太后、丞相和嫪毐更加狼狈为奸、沆瀣一气，哪里肯轻易放权！前238年嬴政年满21岁，文武大臣在秦王祖庙雍城为他举行了隆重的加冠典礼，可嫪毐乘机在咸阳发动兵变。卧榻之侧岂容他人酣睡？此时不除，后患无穷！秦王嬴政指挥若定，调兵遣将，颁诏下令：斩敌立功者，赐予爵位；参加平乱者，拜爵一级。一时间文武百官纷纷倒向秦王，嫪毐集团分化瓦解，最后嫪毐被捕并被施以车裂，吕不韦也饮鸩自尽。由此，内患被一举清除，国家大事全由秦王亲自掌握决策。他与亲信谋士收集情报，分析各国政军局势，一场平定六国、统一天下的大幕拉开了。

秦王政认为，欲要统一天下，须先得天下之才，为秦效力。于是他下了一道命令：各地骁骥不问国别，只要来秦，必将重用。诏书飞向三秦，飞向天下，一时间，各国鲲鹏，无不翘首西顾；智能之士，无不心向咸阳。西行路上，良才接踵摩肩。韩国人韩非，魏国人尉缭，燕人蔡泽等纷纷入秦。秦王廷下，人才济济。嬴政大悦，与他们抵足而谈，日夜商议统一大计，各位名士，各抒己见，终于拟定了统一中国的蓝图：政治上加强内治，巩固后方，派员去六国联络愿为秦统一事业服务之士；经济上兴修水利，增产粮食，发展农业；军事外交上，采纳李斯、尉缭提出的"远交近攻"的连横策略，与东方大国齐国暂时妥协，让它中立，然后各个击破。此后十多年，秦国君臣团结，励精图治，国力果然一天天强盛起来。六国恐慌，纷纷活动，欲结成合纵之盟共抗秦国，可为时已晚。前230年，秦王亲率大军首先拿韩国开刀，秦军势如破竹，韩国节节败退，各国观望而不敢救援，韩国灭亡了。秦军又征讨北方最顽固的割据势力赵国和燕国，又一举剪灭。接着挥戈南下，降服了中原的魏国。南方的楚本是泱泱大国，此时昏君朝政，人心混乱，国力转衰。秦国乘机进军，楚也宣告灭亡。秦国最后又消灭了远方的齐国。至此，六国相继灭亡，天下归于统一；秦国六代之君共有的"席卷天下，包举宇内，囊括四海，并吞八荒"之志，终于在嬴政手中化为现实。前221年，秦始皇建立起中国历史上第一个统一的大帝国，实现了他年轻时代的壮志和梦想。

全国统一后，嬴政做了始皇帝，他又以一个政治家的深远目光把统一的余波向社会各方面扩展。他首先废除分封制，实行郡县制，巩固了中央集权，打击了各国贵族。其次是文字，他每日读书批文，深感各国书文异体难

第二章—鲲鹏展翅：志存高远彰家范

认难读，误时误事，于是颁令天下以秦小篆为本体统一文字。始皇又闻各地物资交流，计量衡器不一常生纷扰，乃令统一度量衡。各地车舆宽窄不一，道路尺寸长短不同，车马难行，即令车同轨，道同宽。他还推行以十进位，简化了计算。

当时北方兵民常虑匈奴侵犯，日夜不宁，始皇寻思万年长策，乃令修筑万里长城，赐安于民，这一系列有远见卓识的改革和措施，促进了人民之间的交流与和睦相处，对中国古代社会的发展起了巨大的推动作用。

秦始皇在中国历史上第一次成功地建立起统一的中央集权的封建国家，结束了分裂战乱的政治局面，使中国的社会发展领先于世界。此时，欧洲和北美大部分尚处在原始和奴隶社会阶段，因此，始皇为中国历史进步做出了不可估量的重大贡献。他一生中能有如此大的作为，和他青少年时代的理想抱负是分不开的。

常怀淡泊之心

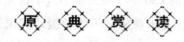

【原文】

至于宽闲之野，寂寞之滨，每自寓其天怀之乐，而澹泊明志，宁静致远，未尝不处处流露。

——清·无名氏《杜诗言志》

【译文】

即使到了宽阔僻远的郊野或水边，我也会经常怀着一颗天生的乐观之心，在平淡中表露志向，在宁静中达至高远，这样的态度我可以随处流露。

淡泊，是清简朴素，恬淡寡欲。充满欲望的生活，私心会像火焰一样燃烧，浪花一样翻滚，酒醉一样燥热；而淡泊的生活，私心则会像镜子被擦拭干净，像池水般沉淀透明，这时高远纯洁的志向才会浮现，来主宰飘荡不定的内心。

在淡泊的生活中明确志向，才能在宁静中达到思虑深远。在宁静的心境中思考，才能使思维在高处翱翔，坚持以深邃的目光和宏大的气魄认识世界。

为道而奔走列国的孔子、在陋巷而乐以忘忧的颜回、在山林陶然忘世的陶渊明……他们都视富贵如浮云，生活在自然素朴的宁静之中，志于道义的追求。可以说，虽然他们的人生没有名利的光环笼罩，但他们的光辉却永远闪耀在历史的长河中。

家风故事

孔子安然应对危难

前496年，孔子离开鲁国，带着一批学生周游列国，希望找个机会实行他的政治主张。可是，那个时候，大国都忙于争霸的战争，小国都面临着被吞并的危险，整个社会正在发生变革。孔子宣传的这一套恢复周朝初年礼乐制度的主张，当然没有人接受。

他先后到过卫国、曹国、宋国、郑国、陈国、蔡国、楚国。这些国家的国君都没有用他。有一回，孔子在陈、蔡一带，楚昭王打发人请他。陈、蔡的大夫怕孔子到了楚国，对他们不利，发兵在半路上把孔子截住。孔子被围困在那里，断了粮，七天七夜没有生火做饭了，他与众弟子都饿得面如土色。但孔子却左手拿着檽木做成的乐器，右手拿着敲枝敲击它，唱着远古时代遗留下来的歌曲，沉浸在一片宁静的幸福之中。后来，楚国派了兵来，才给他解了围。

孔子在列国奔波了七八年，最后还是回到鲁国，一心把精力放到整理古代文化典籍和教育学生上面。虽然他的弟子中有钱有权者皆有，但他始终过

第二章 鲲鹏展翅：志存高远彰家范

着朴素清雅的生活，潜心志学志道。在他晚年时，他还整理了几部重要的古代文化典籍，像《诗经》《尚书》《春秋》等。

孔子去世后，他的弟子继续传授他的学说，形成了儒家学派，孔子成了儒家学派的创始人。孔子的学术思想对后世影响很大，他被公认为我国古代第一位大思想家、大教育家。

能屈能伸真豪杰

【原文】

忍屈伸，去细碎，广咨问，除嫌吝，虽有淹留，何损于美趣，何患于不济？

——三国蜀·诸葛亮《诫外甥》

【译文】

能够忍受屈伸的变化，摒弃细碎的情怀，广泛向人咨询、请教，革除小气量和嫉妒心，这样做下去，即使命运滞留不显，也对自己美好的志趣没有丝毫损伤，还愁不能实现自己的志向吗？

家 范 箴 言

做人要能忍，要有坚韧不拔的精神。坚韧不拔的人，善于在困苦中汲取力量。

戈壁滩上有一种梭梭草，它高不过一尺，但它有着极强的生存能力。别看它个子不高，但它的根系都非常发达，能够扎进沙漠深处汲取水分，所以它能够在恶劣的环境里张扬生命的嫩绿。

高大不一定就显示出伟岸，而在于顽强。

坚韧不拔的进取精神在于顽强地汲取营养。

中国当代作家张海迪 5 岁时高位截瘫，没有机会上学，但她没有向命运低头，忍受着常人难以想象的痛苦，不仅读完了小学、中学的课程，而且自学大学英语、日语，先后翻译了《海边诊所》等数十万字的英语小说，用长达 4 年的时间创作出数十万字的长篇小说《绝顶》。

坚韧不拔地进取，就要经得起失败。不经受挫折，不经受失败，很少有大成就。

失败是严师，它逼迫你思考失败的原因。知道了失败的原因，你就向上攀登了一步。

坚韧不拔地前进，还需要有一个正确的心态。有一个正确的心态，前进时如遇到挫折和不解的难题，才能从容应对。

家 风 故 事

十年辛苦写一赋

西晋的京都洛阳繁荣而美丽。突然有一天，京都人争相传诵着一部文学作品《三都赋》，把原本就够热闹的都城弄得沸沸扬扬。这篇赋作得那么好，以至于人们都蜂拥到店里去买来纸墨，争先恐后地传抄起来。一时间，洛阳城里的纸张突然供不应求了，价钱也涨得老高，出现了洛阳纸贵的现象。

这是从来没有过的事情，人们在传抄作品或到处奔走购买纸墨的同时，都要问上一句：是谁写出这样轰动的作品呢？

其实，这部作品的写作者，在当时还是个默默无闻的青年，他叫左思。

左思出身寒微。他的父亲原是个小吏，社会地位很低，这在十分讲究出身门第的西晋时期已经是很不幸的事情了，偏偏左思生得相貌丑陋，甚至有点傻乎乎的样子，连说话也结结巴巴的。西晋时人们不但十分讲究出身门第，而且很重视人的品貌长相，生来英俊的人即使没什么才能，也会受到社会各界人士的喜爱，相反，像左思这样其貌不扬的人可就惨了，经常无端地受到人们的嘲笑、奚落，甚至唾弃。正是这种社会风气的压抑使左思性格内向，寡言少语，常常一个人闷在家里学习音乐、书法等，这多半是自我安慰。看不出他会有什么出息，父亲虽然疼爱儿子，却也不免对朋友感慨地说："我这个孩子哪，唉！看来还不如我小时候呢！"左思听了这话，心里非常难受，却也深受刺激，于是他发奋读书，下决心要为自己争口气，挑战这不公平的世界。

左思博览群书，渐渐地对文学发生了浓厚的兴趣，于是立志学习写作。那些名人的文学作品常常让他流连忘返，他开始模仿着练习写作，开始还顺手，在临淄时竟也写了一篇辞藻华丽的《齐都赋》。后来他在写作的实践中感到，要写成鸿篇巨制，自己的才识实在还很浅薄。晋康年间，他的妹妹被选进宫中，趁着这个机会，左思把家从临淄迁到了京城洛阳，自己投身到贵族贾谧门下，广读博览，更想在文学上有所造就。

他读了东汉文学家班固的《两都赋》，又读到了张衡模仿《两都赋》而作的《二京赋》，对他们非常钦佩，很是向往，于是也下决心要作一篇流芳百世的《三都赋》——为蜀、吴、魏三国都城的壮丽景色作赋。

可是，左思没有到过蜀都，怎么能写出蜀都的秀丽风光呢？他寻思再三，决定去请教曾经在四川任过职的大文学家张载。

张载是当时的大文学家，在朝廷任著作郎，左思费了好大的劲才拜会了这位老前辈。左思见了张载，自我介绍过以后，就开门见山地说："学生想创作一篇《三都赋》，我向来倾慕大人的文章，知道您熟悉蜀都的情况，所以特意来向您请教。"

张载打量着面前这个其貌不扬，而且言语笨拙的年轻人，将信将疑。不过他既然有为魏、蜀、吴三国都城作赋的宏愿，就应该尽自己所能帮助他。他详细询问了左思的创作打算和准备情况后，便把自己熟悉的城都及其附近的山川景色、风土人情，热情地向这位青年做了介绍。

左思得到了前辈的支持和鼓励，非常高兴，便着手写作的准备工作。为了丰富自己的创作视野，又借来有关蜀都、吴都和魏都的史籍、地图以及有关资料，反复阅读、研究各地的山川城邑，了解各地的鸟兽草木、民谣歌舞……

进入构思以后，左思把自己关在家里，每天天不亮就起床，草草用过早餐就开始翻阅资料，凝神苦思。他每写一个字或一句话，都要反复斟酌，一丝不苟。

正在这时，不知是怎么回事，左思要作《三都赋》的消息很快在京城中传开了，一时间弄得满城风雨，说什么的都有：奚落讥诮的，讽刺挖苦的，嘲笑怒骂的，恨不能把左思淹死在唾液中。

有人说："一个无名小子，也敢夸口写什么《三都赋》，真是痴心妄想。"

有人说："瞧他那丑陋的样子，看他那笨拙的言语，还敢扬言超过班固、张衡，真是不知天高地厚。"

类似的闲言碎语从四面八方向他扑打过来。当时有个著名的文学家陆机，也来到京城洛阳，他也想创作一篇《三都赋》，但觉得很困难。当他听说左思也要作什么《三都赋》时，不觉捧腹大笑起来。他为此特意写信给他弟弟说："听说有个什么叫左思的，也想作什么《三都赋》呢！好吧，让他写吧，我看他即使写得出来，只怕也只配用来盖盖我的酒坛子吧！"

这些风凉话很快就传到了左思的耳朵里，这个性格执拗的青年更加刻苦认真地创作起来。他想："既然你们这样看不起我这个无名小辈，我就是要发奋努力，偏要写出《三都赋》来让你们瞧瞧！"

他把别人的一切讥讽都置之度外，不停地阅读大量书籍，不断地向别人请教，一刻不歇地写着，专心致志的程度像着了魔一样，为了使突然想到的佳句不致遗忘，他就在家里所有的地方：卧室、书房、院落、门庭，就连厕所、篱笆上也都放上纸笔，不管走到哪里，想起一个精美的词，就随手记上，反复琢磨成一句美文，立刻把它写上，就这样字斟句酌，废寝忘食，从不懈怠。

在写作过程中，左思深感知识学问还不足，就向朝廷求了一个"秘书郎"的职务，使自己能读到更多的书来增广见识，有更多的机会向有学问的人请教。就这样一点一滴地积累，坚持不懈地写，有时写了一天，第二天一看不满意，又全部推翻，重新再写。日来月往，那些讽刺、挖苦、嘲笑他的人早已忘记了这件事，只有左思不知疲倦，锲而不舍地写着他的《三都赋》。

功夫不负有心人，经过惨淡经营，费尽几年心血，一篇规模宏大、内容丰富、气魄雄浑、华丽精美的《三都赋》终于创作出来了。

文辞精彩的《三都赋》创作出来后，立即引起了轰动。当时的大文学家皇甫谧看了以后，兴奋不已，连连称赞是部成功的好作品，当即决定给他作序。写好序以后，又一块儿推荐给张载和中书郎刘逵看，他们看了以后也爱

第二章 鲲鹏展翅：志存高远彰家范

不释手，激动不已，商量着分别给赋作注。著名的文学家张华读过《三都赋》也禁不住赞叹："左思的《三都赋》真的可以和班固的《两都赋》、张衡的《二京赋》相媲美，读完后还让人留有余味，时间越久会觉得越新鲜，真可以称得上传世之作!"

经过名人这样的品评、称颂，左思的这篇赋很快在京城争相传诵。由于当时还没有发明印刷术，许多人争相传抄，结果连洛阳城的纸价都上涨了。

《三都赋》在人们中盛传，当年扬言要拿这篇作品去盖酒坛子的陆机也看到了，展读之后，竟心悦诚服，自叹不如，连声说："的确是千古佳作，看来我再也不必有写《三都赋》的念头了。"

人无志则事不成

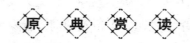

【原文】

今日君成霸，臣贪承命，趋立于相位。

——《管子·大匡》

【译文】

您今天同意追求霸业，我遵命坐上相的位置。

家 范 箴 言

管子认为一个人要有远大的志向，志向越远大，意志才会越坚定。没有远大的志向，那么，一个人一生只能碌碌无为。

人贵有志。昔时少年项羽因为看到秦始皇出游的赫赫声势，有了取而代之的念头，才有历史上的楚汉相争；诸葛亮躬耕南阳，因为常"好为梁父吟，自比管仲乐毅"，才有魏晋时期的三国鼎立；霍去病因为有"匈奴未死，何以家为"的壮志，才演绎出一代英雄赞歌……可以毫不夸张地说，一个人是否胸怀大志，小则关系到自身的成败，大则关系到时代的发展。所以自古以来，人们都十分强调立志的重要性。而无数的事实也证明，凡是能够成大事者，无不是有高远之志的人。

立身者当志存高远。一个人唯有立下高远的志向，才可能在人生之路上，披荆斩棘奋勇直前。若没有高远的志向，司马迁又怎么能在受了宫刑之后完成卷帙浩繁的《太史公书》呢？

事实上，一个人能成为什么样的人，首先是他想成为什么样的人。没有远大志向的人是永远不会有大作为的。有了远大志向，才能有较高的奋斗目标，才能把自己的潜力挖掘出来，投向高标准的追求，最大限度地实现自己的人生价值，才能不甘于平淡，才能免于沉沦。

当然，远大志向的实现不可能一帆风顺，总会遇到困难和挫折。只有那些在崎岖的道路上不畏艰险、勇于攀登的人，才能到达光辉的顶峰。人是有惰性的，要时时提防，注意克服。其实，困难和挫折并不可怕，可怕的是被困难和挫折吓倒，勇于进取、坚韧不拔的人，一定能取得最后的成功。

家风故事

男儿有志在四方

徐霞客（1586—1641），名弘祖，字振之，号霞客。江阴南旸岐（今江苏江阴）人。明代地理学家、旅行家、文学家。从22岁起，30多年历尽艰险，先后游历了华东、华北、东南沿海和云、贵、两广，实地考察了祖国的山川、地势、地质、水源、特产以及民俗等，将考察所得写成日记。他死后，李惠明等根据他的日记整理成著名的《徐霞客游记》一书。

徐霞客出生在江苏江阴的一个没落世家。家境虽然已经衰微，但是家中藏书却不少。尤其幸运的是，徐霞客有一位很好的母亲。母亲王氏思想开明，勤劳贤惠，知书达理，富有理想。全家的经济支撑和对子女的教育，都落在她一个人身上。

徐家本是官宦世家，徐霞客的曾祖父、祖父都是明朝官吏，徐霞客的父亲却不求功名，厌恶官场，不喜与官吏交往，过着隐士生活。王氏知书达理，追随丈夫隐迹田园，主动担当起操持家务、抚育子女的重任。她厌恶追名逐利的庸人，决意要把儿子培养成像他父亲那样饱读诗书、品学兼优的人士。

徐霞客3岁那年，母亲抱着他在豆棚下识字读书。

"这是'四'字，一二三四的四，四书五经的四，四面八方的四，过了年，我宝宝就是四岁的四。"

"一二三四的四……四面八方的四……"牙牙学语的小霞客，跟着母亲念得有板有眼。在母亲言传身教之下，聪明过人的小霞客到了10岁就能诵读文章，达到"出口即成诵，搦管即成章"的地步。

"两岸猿声啼不住，轻舟已过万重山。"小小的徐霞客也常常向往自己有朝一日能成为一个旅行家，高飞远洋，饱览考察九州的锦绣江山，并能用自己的笔把祖国的山山水水如实地描绘下来，叫人人都知道祖国的山河多么壮美。

徐霞客把自己的想法和父亲说了，他的父亲徐有勉知道儿子的志向以后，非常高兴，连声称赞道："好！大丈夫就该胸怀天下，志在四方，不做钻营利禄的蛆虫！"

由于徐霞客志在"闲书"，渐渐荒废了"学业"，他在应试中落榜了。徐霞客和父亲都没把这件事放在心上，可在街坊邻居和亲戚朋友心目中，这可是件怪事："那么聪明的孩子，为什么不好好读书准备将来建功立业呢？"

于是，他们纷纷劝徐有勉不要放纵孩子，要督促他的学业。徐有勉听了，笑笑说："有人把追逐名利看成是读书人的正业，比命根子还重要；有的人把它视为粪土。弘祖这孩子志在山水，如果他能给后人留下一部精确详尽的山水经，我看比专门钻营利禄的庸人要有益得多。"

那些人见劝说无用，也就不再说什么了。

父亲的鼓励，更坚定了霞客的信念和抱负，他决心踏遍九州，登上五岳。

徐霞客18岁时，父亲不幸去世了，这对他是一个沉重的打击。不久，他结了婚，挑起家庭重担，这时堂上老母已年过花甲，这种情况下自己怎能离家远游呢？徐霞客发起愁来，不知怎么办才好。

徐霞客的母亲为人性情豁达开朗，通晓事理，虽年事已高，却长年坚持劳动，身体很健壮。她早已看透儿子的矛盾心理，与他进行了一次长谈。

一天，她把儿子叫到身边说："你的志向我知道。你父亲在时，他支持你。现在，你更不要辜负你父亲的期望。志在四方八极，正是男儿的本色，儿既然不愿应举做官，想遨游天下，就不能因为我的缘故，困在堂前狭小的地方，像关在篱笆里的小鸡雏，像套在车辕上的小马驹。你身为七尺男儿，就该志在四方。什么'父母在，不远游'，别听那一套！你一辈子守在我身边，无所事事，你这样委屈自己，天天在我跟前让我高兴，为娘的心里也不安的呀！你只有展翅高飞，干出一番事业来，才是对我最大的孝心，也是对你父亲在天之灵的最好安慰。"

徐霞客听了母亲的一番话，心潮澎湃，热泪盈眶，他激动地说："好的，我听娘的话。孩儿一定不辜负您的期望。"徐霞客还是应承了母亲自己出游的计划，决定离家远行了。

儿子准备上路了，母亲为他准备行装，一路上会遇到什么情况，应该带些什么，怎样做到既实用又轻便，费尽了母亲的心血。油灯下，母亲给儿子缝制了一顶远游冠，让儿子戴上遮挡烈日寒风，使儿子时时在母亲的抚爱之下。在徐霞客启程的前一天晚上，母亲把儿子和儿媳叫到房中，只见她拿出一件东西，笑眯眯地看着儿子。

儿子和儿媳都感到奇怪，只看那物，说帽子又不像帽子，足有一尺高，有一展筒横在前方，上边还装饰有美丽的鹬毛。

徐霞客禁不住问道："母亲，这是什么东西？"徐母看着儿子，得意地说："远——行——冠！"

"远行冠？"

"对，这叫远行冠。古代，人们出远门的时候，都要戴上这种帽子，以壮行色。我用三天三夜，给你赶制了这顶远行冠，就是希望你展翅高飞，鹏程万里。"

徐霞客夫妇听了，感激万分，霞客流着热泪说："儿一定永远铭记您的教诲，一定要戴着这顶远行冠，踏遍我中华的万水千山。"

次日清晨，母亲很早就起床为儿子远行。望着母亲佝偻的身影，徐霞客心中一酸，流下了眼泪。孔子曾说：父母在，不远游，游必有方。他知道母亲年纪大了，父亲又不在了，此去，只剩下母亲孤零零一人，实在太违圣人的教诲，太不孝了。母亲看出了儿子的心思，慷慨地说："你就放心走吧，我会自己照顾好自己，不会出什么事的。但你一定要小心，娘在家里等你回来。"徐霞客含泪点了点头，朝娘挥挥手，毅然踏上了征程。

徐霞客踏上漫长的游历考察征途，不曾停下探究大自然奥秘的脚步。不论他走到哪里，不论他遇到什么险境，他始终感到背后有母亲倚门而望的亲切关怀、爱抚鼓励的目光。

21岁的徐霞客开始了漫长的旅游生活。他戴着慈母制作的远游帽，走在荒凉的山谷中，身边没有母亲的呵护，周围没有众人相帮，一切都得靠自己。他顽强地走着。他怀着对祖国的无比热爱和对科学事业的献身精神，以惊人的毅力和科学的态度，登上一座座险山，涉过一道道恶水。徐霞客每次出门，母亲总要关照他："你出门游历名山大川，可要绘好图，回来拿给我看，在外不要惦记我，有小孙子和我做伴！"

这一次的旅行，徐霞客因为放心不下母亲，只在附近的大山中转了转，并未远游。回来后，他高高兴兴地把自己沿途的见闻讲给母亲听，母亲听后非常高兴。

徐霞客每次出游，必计行程，按期回归故里看望母亲，时间和里程都受到一定的限制。母亲看出了儿子的心思，对他说："我不是早对你说过，我还能吃饭，身体尚好，你不要牵挂，不信，我和你一同出去走走！"

于是，母亲在80岁那年，不顾儿子的劝阻，执意要儿子陪她到家乡附近的荆溪、句曲一带游历。一路上，她还不时甩脱儿子牵扶着的手，迈动小脚蹒跚地走着，总是努力走在儿子前面，母子甚至还进行比赛，以示自己的生命力还很旺盛，趁着这热闹的场面，母亲对儿子说："你看我的身体怎么样？"

徐霞客说："母亲的身体很健壮。"

母亲说："这下子你就放心远游吧，不必惦记我了。"

直到这时，徐霞客才明白母亲的良苦用心。一位年届八旬的老母亲，为了激励儿子做出事业，以自己的切实行动，用不可战胜的精神力量教育孩子，这是多么难能可贵！

母亲的通情达理，给徐霞客巨大的鼓励，也增强了自己的信心，从而使他能够克服重重困难，矢志远游，实现了自己的抱负。如果说徐霞客是一匹勇往直前的骏马，那么时常激励鞭策他的，是他那位可敬的母亲王氏，是那位只有姓连名字也没有留下来的普通的中国妇女。

就在荆溪、句曲之行的时候，王氏病重，不思饮食，她见儿子衣未解带地守立在榻前，也不吃东西，还说什么"愿以身代"，心里非常难受。为了不使儿子过分感伤，她强行进食，以此来遮掩自己的病情。母亲去世后，徐霞客悲伤万分。但服丧期满，即遵母亲生前训示，仍将整个身心许之山水。他继续在千山万水间行走。

在他眼前，时常闪过一道"鞭影"，那是母亲亲切、慈爱、期盼的目光。他奋力跋涉，要把艰苦考察华夏的丰盛成果，遥献在母亲的灵前，作为对她老人家最好的祭奠。

徐霞客出生入死，历尽险阻，整整 34 个春秋，他长年风餐露宿，不停地考察游历，一直走到不惑之年，用其毕生的精力完成了颇具价值的科学考察实录——《徐霞客游记》。

切不可好高骛远

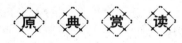

【原文】

请勿施于天下，独施之于吾国。

——《管子·山至数》

【译文】

这办法请不要先施行于天下，应从本国做起。

家 范 箴 言

所谓"好高骛远"，是指那种不切实际地追求过高目标的心态。好高骛远者注注总盯着过于远大的目标。

现实生活中，我们必须摒弃好高骛远之心，它就像缘木求鱼、水中捞月

第二章 鲲鹏展翅：志存高远彰家范

一般。谁都希望自己的事业在最短的时间里成就最大，但是不顾自己的实际情况，好高骛远地追求更高更大的目标，一定会遭受失败。凡事都是由小到大，从微薄到宏伟，绝不可能一蹴而就。

从那些失败者走过的足迹上看，导致失败的原因很多，好高骛远就是其中一条。他们的想法和做法不切实际，恨不得一口吃成一个胖子，想一下子把事业做大。过高地估计自己的才智，对一些所谓的小事情不屑去做，总认为自己应该去做更大、更重要的事情。岂不知这样就等于把自己的事业建立在沙滩上，早晚有一天会轰然倒塌。

成功者从不朝秦暮楚，也不浅尝辄止，而是以一颗平常的心去诠释成功。他们做事有始有终，切合实际，不急躁、不盲目、不务虚，不仅有一套明确的目标和达到目标的具体方法，而且还付出最大的努力去实现他们的目标。

罗马不是一天建成的，成功也不是一朝一夕就能取得的。面对自己的高远目标，想早点达到的迫切心情可以理解，但是千万不能急躁，一旦过于急躁，滋生了浮躁之气，反而会影响你目标的实现。倒不如将自己的视线从远处收回来，着眼于当前的行动，只要踏踏实实地走好每一步，抵达目标就是水到渠成的事情了。

家 风 故 事

古人学箭

古代有个叫养由基的人精于射术，且有百步穿杨的本领。相传连动物都知晓他的本领。

一次，两只猴子抱着柱子，爬上爬下，玩得很开心。楚王张弓搭箭要射它们，猴子毫不害怕，还对人做着鬼脸，仍旧蹦跳自如。这时，养由基走过来，接过了楚王的弓箭，于是，猴子便哭叫着抱在一块，害怕得发起抖来。

有一个人仰慕养由基的射术，决心要拜养由基为师，经过多次请求，养由基终于同意了。收为徒后，养由基交给他一根很细的针，要他将针放在离眼睛几尺远的地方，整天盯着针眼看，看了两三天，这个学生有点疑惑，问老师说："我是来学射箭的，老师为什么要我干这种莫名其妙的事，什么时候教我学射术呀？"

养由基说："这就是在学射术，你继续看吧！"

于是，这个学生继续着这一枯燥的学习。

过了几天，他便有些烦了。他心想自己是来学射术的，看针眼能成为神射手吗？这个徒弟不相信这些。

养由基又教给他练臂力的办法。让他一天到晚在掌上平端一块石头，伸直手臂，这样做很辛苦，那个徒弟又想不通了，他想："我只想学他的射术，他让我端这石头干什么？"

养由基看他好高骛远、毫无耐性，也就由他去了。这个人最终也没有学到射术。

甘蝇是古时候的另一位射箭能手。只要看到甘蝇射箭的人，没有哪一个不称赞他是射箭能手，真是百步穿杨，百发百中。他的学生叫飞卫，他跟着甘蝇学射箭非常刻苦，几年以后，飞卫射箭的本领赶上了他的老师甘蝇。后来，又有一个名叫纪昌的人，来拜飞卫为师，跟着飞卫学射箭。飞卫让他先从练长时间不眨眼开始。

纪昌回到家里，仰面躺在他妻子的织布机下面，两眼一眨不眨地直盯着他妻子织布时不停地踩动着的踏脚板。天天如此，月月如此，心里想着飞卫老师对他的要求和自己向飞卫表示过的决心。要想学到真功夫，成为一名箭无虚发的神箭手，就要苦练这项基本功。这样坚持练了两年，从未间断。即使锥子的尖端刺到眼眶边，他的双眼也一眨不眨。之后纪昌整理行装，离别妻子到飞卫那里去了。飞卫听完纪昌的汇报后却对纪昌说："要学好射箭，你还必须练好眼力才行，要练到看小的东西像看到大的一样，看隐约模糊的东西像明显的东西一样。你还要继续练，练到了那个时候，你再来告诉我。"

纪昌又一次回到家里，选一根最细的牦牛尾巴上的毛，一端系上一个小虱子，另一端悬挂在自家的窗口上，两眼注视着吊在窗口牦牛毛下端的小虱子。然后，目不转睛地看着。10 天不到，那虱子似乎渐渐地变大了。纪昌仍然坚持不懈地刻苦练习。他继续目不转睛地看着。3 年过去了，眼中看到那个系在牦牛毛下端的小虱子又渐渐地变大了，大得仿佛像车轮一样大小。纪昌再看其他东西，简直全都变大了，大得竟像是巨大的山丘了。于是，纪

第二章　鲲鹏展翅：志存高远彰家范

昌马上找来用北方生长的牛角所装饰的强弓，用出产在北方的蓬竹所造的利箭，左手拿起弓，右手搭上箭，目不转睛地瞄准那仿佛车轮大小的虱子，将箭射过去，箭头恰好从虱子的中心穿过，而悬挂虱子的牦牛毛却没有被射断。这时，纪昌才深深体会到要想成为神箭手，必须踏踏实实地把日常的基本功练好才行。之后他把这一成绩告诉了飞卫。

飞卫听了很为纪昌高兴，甚至高兴得跳了起来，并走过去向纪昌表示祝贺说："对射箭的奥妙，你已经掌握了啊！"

心系国家之荣辱

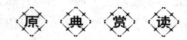

【原文】

国之兴亡，兵之胜败，博学所至，幸讨论之。入帷幄之中，参庙堂之上，不能为主尽规以谋神稷，君子所耻也。

——南北朝·颜之推《颜氏家训》

【译文】

国家的兴亡，战争的胜败之类问题，在学问达到渊博的时候，一定要细心加以研究。在军中运筹帷幄，朝廷里参议政事，如果不尽力为君主出谋献策，以保全国家，这是君子的耻辱。

家范箴言

颜之推告诫子孙，天下兴亡，匹夫有责。为官者，应该心系百姓疾苦，以天下为己任；为民者，当以为民之道为天下负责，假如没有尽责，也不该享有相应的权利。

在长达两千多年的封建社会中，我国知识分子秉承儒家积极入世的思想，以治国平天下为己任，成为"天下兴亡，匹夫有责"爱国传统的倡导者和带头人。如"路漫漫其修远兮，吾将上下而求索"的屈原、"人固有一死，或重于泰山，或轻于鸿毛"的司马迁、"安得广厦千万间，大庇天下寒士俱欢颜"的杜甫、"先天下之忧而忧，后天下之乐而乐"的范仲淹、"位卑未敢忘忧国"的陆游、"人生自古谁无死，留取丹心照汗青"的文天祥、"家事国事天下事，事事关心"的顾宪成，等等。

古往今来，有多少志士仁人为捍卫祖国的尊严，为祖国的繁荣昌盛而鞠躬尽瘁，舍生忘死。爱国志士永垂青史，受人景仰，卖国贼遗臭万年，遭尽世人唾骂。

南宋抗元英雄文天祥，兵败被俘。坐了3年土牢，多次严词拒绝敌人的劝降。有一天，元世祖忽必烈亲自来劝降，许以宰相之职，但是他丝毫不动摇，反而斩钉截铁地说："唯有以死报国，我一无所求。"最终文天祥面向南方慷慨就义了，给世人留下一首撼人心弦的《正气歌》。

其实，生活在今天的人们，身上同样肩负着振兴祖国的重任，万不可只顾自身的小利益而放弃了国家的大利益。

家风故事

抗倭名将戚继光

"封侯非我意，但愿海波平。"中戚继光所作《韬钤深处》一诗的诗句表明了他荡平海寇、保国安民的耿耿忠心。

出生于将门的戚继光，自小勤奋读书，通经史，精武艺，立志长大做一名文武双全的统兵大将。当时正是倭患猖獗的时候，他横戈马上，转战南北海疆，解除了明代中叶最大的外患。

倭，是古代对日本人的称谓。倭寇，就是日本海盗。倭寇自元末就开始出现，经常骚扰我国沿海边疆。明朝政府曾一度有效地打击了倭寇的气焰，但明中叶以后朝政日益腐败，武备松弛，倭寇便长驱直入，洗劫乡村，攻打城市。

戚继光17岁时就世袭父职，做了登州卫指挥佥事，不久又被提升为署都指挥佥事，负责防倭事宜。他上任后加紧训练士兵，严明军纪，修筑防御

065

第二章

鲲鹏展翅：志存高远彰家范

工事，使倭寇闻风丧胆，不敢再来侵犯。

当时江浙沿海是倭患最严重的地方，江浙吏民死于倭寇之手的不下数十万人。朝廷鉴于戚继光抗倭有功，就把他调任浙江都司金事，不久又升任参将，镇守宁波、绍兴、台州三府。

上任不久，有一股800多人的倭寇窜到龙山所（今浙江慈溪）劫掠。明军十倍于倭寇，但倭寇根本不把明军放在眼里，三个倭酋各带一支人马向明军扑来。明军见倭寇如见虎，纷纷退缩。戚继光见明军如此懦弱，非常气愤。他飞身跳上一块巨石，连放三箭，三个倭酋应声仆地而死。倭寇顿时大乱，明军乘势重新集结反攻，大获全胜。

戚继光深感旧军成分复杂，素质太差，于是解散了旧军。他在矿工和农民中招募了3000人组成新军，加以严格训练。几个月后，这支新军纪律严明，精通战法，作战勇敢，被人们称为"戚家军"。

有一次，大股倭寇在台州登陆。戚继光迅速率军迎敌，在离台州不远的花街与倭寇摆开阵势。一名倭寇头领左手持矛，右手握刀，出阵挑战。戚继光为了激励将士，就脱掉自己的银铠甲，大声宣布："谁能打败这个倭贼，我就把这身银铠甲奖赏给他！"话音未落，一名小校挺身而出，手持长枪冲过去，几个回合就把那倭寇头领挑翻在地。倭寇见死了一员头领，就一窝蜂似的向戚家军冲来。戚继光镇定指挥，戚家军个个奋勇争先。不到半个时辰，倭寇支持不住，纷纷溃败下去，戚家军趁势掩杀过去。倭寇把抢来的金银珠宝撒落地上，企图诱惑戚家军停止追击。但经过严格训练的戚家军对这些金银珠宝根本不屑一顾，紧追不舍。倭寇不是死就是伤，只剩一小股逃回海上。

经过7年的时间，戚家军在平定倭寇的战斗中发展到一万多人，倭寇再也不敢在浙江沿海骚扰了。但他们贼心不死，开始将矛头指向福建沿海，于是戚继光又奉命率军前往福建剿寇。

倭寇的老巢在宁德县（今福建东北）东北的横屿岛上，距岸十里。中间是浅滩，涨潮时一片汪泽，落潮时一片泥淖。倭寇在岛上筑有坚固的防御工事，凭借天然的险要地势，傲视明军。戚继光经过观察，就趁退潮时让士兵携带柴草铺路。戚继光在海岸边的一块礁石上擂鼓助威，戚家军迅速接近横屿。战士们一登上横屿，立即向敌人发起猛攻，喊杀声压过浪涛声，在大陆岸边都可以听到。不到半天的时间，就摧毁了敌人的防御工事，消灭了倭寇2600多人。

后来戚继光又挥师南下，和另一位抗倭名将俞大猷把进犯广东的倭寇肃清了。从此，为害300多年的倭患被基本平定了。戚继光的一生，如同他在《马上作》诗中写的那样："南北驱驰报主情，江花边草笑平生。一年三百六十日，多是横戈马上行。"

戚继光驰骋东南沿海各省，历经80多次战斗，在剿灭倭寇的斗争中做出了卓越的贡献。人民将永远纪念这位伟大的民族英雄！

天行健，自强不息

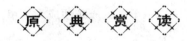

【原文】

笋因落箨方成竹，鱼为奔波始化龙。

——《增广贤文》

【译文】

笋因为外壳层层脱落才逐渐长成竹子，鱼由于经历了奔波才变成蛟龙。

家 范 箴 言

"笋因落箨方成竹，鱼为奔波始化龙"，人生要获得更大的发展还需要不断地成长，而成长是需要代价的，竹笋如果不层层褪去保护自己的外衣就不能参天，鲤鱼也只有经过长途跋涉才能跳过龙门化身为龙。人也是一样，一个人要学有所成，在事业上获得成功，就要舍得下一番苦功夫，就要有百折不挠的精神。所以，人们应该不断拼搏，不断挑战自己。要在有限的人生中去发掘生命的价值与乐趣，让自己拥有无憾的人生。

家 风 故 事

演绎自强不息的神话

成龙是影坛巨星，原名陈港生，又名房仕龙，香港人，祖籍山东烟台。父母亲最初在法国领事馆工作，父亲是厨师，也是京剧票友。

成龙与周星驰和周润发并称"双周一成"，意为香港电影票房的保证。下面让我们一起回顾一下他的人生历程。

1. 拜师学艺

成龙小时候住在山顶领事馆区，附近尽是法国人、美国人，他常常与那些外国小孩子打架。由于常打架、闹事，所以在学校无法升级。成龙除了喜欢打架之外，还喜欢看武侠片，他很崇拜那些武侠片明星，一心想上山学艺。

一天，他父亲带着成龙来到尖沙的美丽都大厦，拜访京剧武生于占元师傅，他正是成龙崇拜的武侠女星于素秋的父亲。成龙看到这边的学生都在勤奋练功，非常羡慕，便要求父亲让他在这练武。于是，成龙便成为这里的一员，取艺名为元楼。

于占元师傅的教育方式基本上是老戏行规矩的严厉与苦练。管束孩子做事、练功的方式就是打、罚。不到4天，成龙就后悔了。最初的那段日子，成龙常常在晚上暗自哭泣。

每天大清早5时便起床练功，练至晚上12点止。早上练各种功，练压腿的时候倒可以睡会儿觉，几乎所有人都是架着腿睡觉的，吃过饭，就练声调嗓或读书，每天这样过着有规律的生活。

平常他们吃的饭，是大锅饭。每月等派救济品时，是他们最兴奋的时候，几十个孩子聚在一起，等红十字会的人来送救济品，当中有白米、奶粉、食品等，孩子们排半天队等待分配给自己的食物。

成龙终于练就了一副好身手。片场是他们经常出入的地方，做临时演员，演些童角之类。所以成龙很早就出道了。

2. 涉足演艺圈

成龙结业后便做武师的工作，在当武师时期，他的名字是陈元龙，他专门做名演员的替身，都是做些危险的武打动作。

武师的地位卑微，出卖的是劳力，每天等候导演来挑人。为了在众多人前被挑中，成龙演出很卖力。在《精武门》片中，成龙扮演的是被李小龙暴揍的日本浪人，成龙还做了片末被陈真一脚踢飞撞在墙上的铃木先生的替身。因为他年轻，身手灵活，且勇于尝试，成龙常能被导演选上，有什么高难度动作，就会想起他。

1975年，香港新天地公司成立，签了成龙，安排他拍一两部片，但票房惨淡。后来又在罗维的电影公司拍摄古龙作品、少林系列（《少林木人巷》），但都不得志。差不多一年后，终于在吴思远拍摄的《蛇形刁手》和《醉拳》中大显身手，成龙迅速走红。

之后，成龙自编自导自演了《笑拳怪招》，成绩不错。这时多家影业公司向成龙发出加盟邀请，最终嘉禾公司胜出。成龙在嘉禾的第一部作品《师弟出马》演出成功。

1983年，成龙执导《龙少爷》，再度掀起热潮。《警察故事》的出品，使成龙的风格风靡一时，并替成龙争取到最佳导演、最佳影片、最受欢迎演员等荣誉。

之后，成龙推出的作品，像1987年《龙兄虎弟》《A计划续集》，1988年《飞龙猛将》《警察故事续集》，1989年《奇迹》，1990年《飞鹰计划》全都是3000多万的票房。

3.进军好莱坞，走向国际

成龙早在1982年时便开始打入好莱坞市场，但他迈向国际之路并不顺遂。他首次进军国际的作品是《炮弹飞车》，可惜票房失利。

相隔多年之后，成龙再闯好莱坞。1994年拍摄的《红番区》令成龙真正打入了国际市场。《红番区》在美国上映时创下高票房纪录。成龙接下好莱坞第一部电影《尖峰时刻》亦获得极高的票房。成龙登上了美国《时代》杂志，终于奠定了他在国际影坛的地位。

2007年在北美上映的《尖峰时刻3》创下将近1亿4千万美元的票房纪录，总计《尖峰时刻》系列3部在北美累计票房超过5亿美元、全球累积8亿3千5百万美元。到目前为止，尚没有其他亚洲演员领衔主演的电影能在国际达到同等成绩。

第二章　鲲鹏展翅：志存高远彰家范

成龙为华人电影立下了汗马功劳，功不可没。成龙在日本是家喻户晓的人物，在美国洛杉矶、旧金山和加利福尼亚州都设有"成龙日"，旧金山影展曾授予他特别杰出奖。1989 年英国授予他 MBE 爵士勋章，1990 年法国授予他荣誉骑士勋章，这些都是成龙走向国际获得的重要荣誉和嘉奖。

　　成功能有今天的成就，是和他自强不息的拼搏精神分不开的。

第三章

己身为范：修身养性成楷模

修身是指修养身心，努力提高自身的思想道德修养水准。修身是本，齐家、治国、平天下是末。修身，一是修德，二是修智，德才兼备，便是修身的理想结果。本章内容从国学中选取经典的修身养性之道，供现代人参考。

烈火炼真金，成事须用功

【原文】

欲做精金美玉的人品，定从烈火中煅来。

——明·洪应明《菜根谭》

【译文】

想成为拥有优良品德的人，那就要像真金不怕火炼一样，经受种种艰难困苦的磨炼。

家范箴言

宝剑锋从磨砺出，梅花香自苦寒来。无论身处什么时代，要想成为卓越杰出的人才，都需要有坚毅顽强的品格，超人的耐性；要想成就一番事业，更需要有百折不挠、不达目的不罢休的精神与战战兢兢、如履薄冰的谨慎态度。

艰难困苦，玉汝于成。放眼看去，古今中外品德高尚、成就大事业者，无不经艰难困苦锤炼；兢兢业业，以如走在薄冰上的谨慎态度自律与做事，方成就大业。

家风故事

卧薪尝胆

越王勾践即位的第一年，吴国攻打越国。勾践率军迎击，结果大败吴军。吴王阖闾的脚受了伤，带领残兵败将连退七里才稳住阵脚。不久，就因脚伤发作而死。临终时，吴王命太子夫差侍立床前，让他牢记越国杀父之仇。

两年后，勾践听说吴王夫差日夜练兵，将要兴兵复仇，便想先发制人，乘吴军还未动手就击败他们。他不听大夫范蠡的劝阻，挥师出发，结果兵败夫椒（山名，在今江苏省苏州市），败退到会稽山上时被吴军团团围住。

范蠡向勾践建议说："我们现在只有低声下气地送厚礼求和，如果夫差还不肯答应我们的请求，就只好君臣一起去做人质，当夫差的随从。"勾践听从范蠡的意见，派大夫文种到夫差那里去求和。

大夫文种来到吴王帐下，跪行叩首向夫差提出求和请求。夫差正要答应他，却被将军伍子胥阻拦，不让夫差求和，想趁此机会吞掉越国。夫差拒绝了文种的请求。勾践见求和不成，就准备杀妻灭子，焚毁珍宝，带兵下山决一死战。这时，文种献了一计，说吴国的太宰嚭是个贪得无厌的人，如果能用重利引诱他在吴王面前帮着说话，也许夫差就会改变主意。于是勾践就派大夫文种给太宰嚭送去许多美女和珍宝，太宰嚭高兴地收下礼物后就引文种去见吴王。

大夫文种行过跪拜礼后说："希望大王赦免勾践的罪过，勾践准备把越国的珍宝全部都献给您，万一您不肯赦免，越王就杀死妻子儿女，焚毁珍宝，带领剩下的五千人与吴军决一死战，虽然是必败无疑，但吴国也将有相当大的损失。"太宰嚭也对吴王说："越国俯首称臣，如果赦免他们，对我国是有利的。"

吴王觉得有道理，想要答应，伍子胥恳切地劝告说："现在不灭越国，以后肯定会后悔的，勾践是一位贤明的君主，文种、范蠡又是两个有才能的大臣，如果放过他们，将来一定会给吴国带来灾难。"吴王听不进伍子胥的话，最终还是班师回朝了。

越王勾践在吴国卑躬屈膝地服侍夫差三年，才被放回越国。回国后，勾践一改过去养尊处优的习惯，有意将自己置身于艰苦的环境中，苦苦思索振兴越国的办法。他睡觉时睡在柴草上，还把一个苦胆悬挂在座位上方，不论坐卧都要尝一下苦胆，即便在吃饭、喝水时，也不忘尝胆，尝胆后还要自言自语："我忘了会稽之围的耻辱了吗?"他亲自耕田种地，他的夫人也亲自纺线织布。他还放下架子，礼贤下士，以优厚的待遇接待宾客。他还能深入民间赈济贫穷百姓，慰问死伤家属，与百姓们一起劳动。

第三章 己身为范：修身养性成楷模

吴王要率领军队讨伐齐国。伍子胥劝告说："不要去打齐国，应注意越国的动向。我听说勾践吃饭只上一个菜，和老百姓同甘苦共患难，这人不死，必定为我国带来灾难，越对吴来说，好比心腹大患。齐对吴来说，只不过是疥疮小病，希望大王不要进攻齐国而要灭掉越国。"吴王拒不听从。伍子胥又说："大王不听劝告，三年之后，吴国可能会变成废墟！"太宰嚭听说后，多次与伍子胥争论越国是否对吴国有害的问题。他在吴王那里诬陷伍子胥对吴王不忠；还让吴王派伍子胥出使齐国。后来，吴王听说伍子胥把自己的儿子托付给齐国鲍氏时，大发雷霆说："伍子胥果真欺骗我！"

等伍子胥一回国，吴王便赐剑给他，命他自杀。伍子胥自杀前对使者说："你们一定要把我的眼睛挖出来放在都城的东门上，我要亲眼看到越军攻进城来。"此后吴国便由嚭执掌大权。

三年之后，勾践对范蠡说："吴王杀了伍子胥，他周围只剩了一些会拍马屁的人，我们可以进攻吴国了吧？"范蠡回答说："不行，还要等机会。"到下一年春天，吴王北上中原，与诸侯在黄池聚会。吴国的精兵都随吴王北上，国内只剩下一些老兵弱卒和留守在家的太子。勾践又问范蠡是否可以进攻吴国，范蠡说："可以了。"于是越军大举伐吴。吴军大败，太子也阵亡。吴王得到消息后，派人送来厚礼求和。越王勾践和众臣商议，觉得现在还难以灭吴，就与吴国签订了和约。

四年之后，勾践又大举伐吴，吴国之前已经经历了和齐国、晋国的争霸战，精兵强将已损伤众多。因而越军大获全胜，乘势团团围住了吴军。

僵持三年后，吴军终于彻底崩溃。吴王率残兵退守姑苏山（今江苏苏州西南），派公孙雄赤膊跪行至越王处请和，勾践不忍心做得太过分，想应许吴王的求和。

范蠡看出了越王的心思，就说："会稽之围，老天爷把越国交给了吴国，但吴王不要，今天是老天爷把吴国交给了越国，您难道能违背天意吗？况且君王每天起三更，睡半夜，不就是为了吞并吴国吗？谋划算计了二十二年，一下子把成果都丢掉，能这样办事吗？何况老天爷给你，你不要反而会受害，古人曾说，'要砍削出一把斧柄，手上的斧柄就是样子'。难道您忘记了会稽之围吗？"勾践说："我想照你说的办，但不忍心回绝公孙雄。"

于是就由范蠡擂起了战鼓，指挥越军向吴军进攻，他说："大王把指挥大权交给我了，请吴国使者赶快回去吧！否则我就以军法惩治你了。"勾践觉得于心不忍，就派人对吴王说："我把你安置在甬东（在今浙江定海），管辖一百户人家好了。"吴王谢绝说："我已经老了，不能侍奉君王！"于是自杀而死。临死前，他用布遮住自己的脸，说："我没有脸去见伍子胥！"勾践安葬了吴王后，立即处死了太宰嚭。

勾践平定吴国之后，就率领大军北渡淮河，与齐、晋的诸侯在徐州（在今淮北一带）聚会，并向周元王进贡了礼物。周元王立即派使者将祭肉赏赐给勾践，并任命勾践为诸侯之长。从此越军横行于长江、淮河以东，诸侯都表示祝贺，勾践终成霸业。

学会谦让

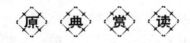

【原文】

终身让路，不枉百步；终身让畔，不失一段。

——《新唐书·朱敬则传》

【译文】

一辈子都让道，也不会多走一百步冤枉路；一辈子都让田界，也不会失掉一段田地。

家范箴言

"让"是一种美德，它可以避免产生矛盾，防止矛盾激化。在现实生活中斤斤计较，为一件小事而睚眦必争，使矛盾激化而酿成悲剧的例子，屡见不鲜。因此，用"让"来教育子女，是有现实意义的。但对坏人、敌人，则绝不能一味忍让。

家风故事

陶刺史让贤

东汉末年，诸侯纷争，致使天下大乱，贫苦百姓没了安宁的日子，纷纷逃离家园。唯有徐州的百姓安居乐业，没受到战乱的侵扰。

原来，徐州有个好刺史陶谦。陶刺史为人忠厚、贤明，也很有能力，将徐州治理得政通人和，深受徐州百姓爱戴与拥护，但陶刺史在位多年，年事已高，再加上平日操劳，体弱多病，继续治理徐州，已经是心有余而力不足了，于是他开始考虑自己的继承人问题。

当时，由于中央集权削弱，许多年老诸侯都把自己的职位直接传给自己的儿子，形成了刺史世袭的局面。陶谦也有两个儿子，但德才两方面都不能让陶谦满意，他认为在这诸侯纷争、战乱四起的形势下，让某个不成器的儿子来接任，虽然也可以保住自己家族的地位与权势，但有可能给徐州的百姓带来无穷的灾难。因此，他决定不把刺史的职位传给儿子，而要选择一个德才兼备的人来接任。从此以后，他便开始时刻注意合适的人选。

很长时间过去了，陶刺史还没有遇到合适的接班人，他的心里非常着急。有人开始劝他就让儿子来接任吧，但他不同意，告诉劝他的人："我这是为了徐州百姓着想，刺史的职位，传贤不传子。"

后来发生了一件事情，陶谦的部将张闿杀了曹操的父亲。曹操哪里能善罢甘休，马上率领大军攻打徐州，并扬言要血洗徐州城，往日平安无事的徐州城如今大祸临头了。陶谦孤军作战，如何能敌兵强马壮的曹兵，只好写信给北海太守孔融和青田太守田楷求援。

孔融接到信后，立即与刘备、关羽、张飞等人率领军队前来解围。来到城下，刘备、张飞大战曹兵将领于禁，冲破拦截，首先进入了徐州城，与陶谦的守军会合。

陶谦与刘备并不相识，但早就听说过刘备的贤名，这次解围见面，自然十分高兴。交谈片刻，便有一见如故的感觉，觉得刘备名不虚传，是个非凡的人才，便生出将徐州刺史让给刘备的想法。陶谦是个看准了就行动的人，他马上命人将徐州的官印拿出来，双手捧给刘备。

刘备不知所以，自然坚辞不受。陶谦解释说："现在诸侯割据，天下大乱，国家正在用人之际。你年富力强，才能卓越，正是为国家、为百姓出力的时候。你今天解了徐州之围，我干脆将徐州让给你，由你来率领百姓保护徐州的安宁吧！"刘备连忙说："徐州百姓非常拥戴您，您也把徐州治理得很好，现在徐州之围已经解除了，您就继续做刺史吧，徐州的百姓离不开您。我虽然解了徐州之围，但那也有大家的功劳，何况我也没有做刺史的才能与威望，您还是将官印收回吧！"陶谦见刘备一再拒绝，就说："我现在年事已高，常感到做事力不从心，我早有心让贤，可惜一直没遇到合适的人选。今天有幸遇上您，我的这桩心事总算是可以了结了。请您收下官印，我马上申报朝廷。"刘备还是摇头摆手，不接官印，并说："我是为救徐州而来，如果最后把徐州据为己有，那是不仁不义之举，不仅会被天下英雄耻笑，我自己也于心不安。所以，我无论如何也不能从命。"

陶谦见此事推来让去，一时也难有个结果，就不再说什么，先将官印放回去，将此事搁置下来了。

徐州解围之后，陶谦邀请城外的援军首领孔融、田楷和刘备的部将关羽等人入城，设宴庆功，慰劳将士，与徐州百姓一起庆祝解围。

在酒席上，陶谦身为主人，招呼应酬，不得空闲，但心里始终装着一件事，就是让刘备接任徐州刺史这件事。因此，酒过三巡，陶谦也不征得刘备的同意，就当着大家的面，请刘备坐在上首的位置，再次提出让贤的请求："我今年已经63岁了，已是风烛残年了。两个儿子都是无能之辈，不堪重任。刘公是汉朝王室的后代，而且德才兼备，如果能接替我治理徐州，我死也放心了。今天就请您看在徐州百姓的面上，答应我的请求吧。"刘备一听这话，就知道陶刺史让自己坐于上首的原因了，赶紧离座，推辞道："我受孔刺史的派遣来救徐州，为的是急人之难，即使有一点点功劳，那也不足挂齿。如果再无缘无故地接任您的刺史之职，那么，普天下的有识之士就会以为我乘人之危，不仁不义了！"陶谦见刘备还是推辞，很是着急，想到今后徐州要是没有贤明的人来治理，肯定难逃战乱，出现民不聊生的惨象，不由得又十分伤心，流泪说道："您要是不答应，离我而去，徐州百姓就永无安宁之日了，我是死不瞑目啊！"

在座的人见到这样的情景，知道陶谦是真心相让，也就都劝刘备接受官印，但刘备还是不肯。陶谦没有办法，只好说："既然刘公执意不从，那就以后再说吧！不过，您要是看得起我，就请答应我的一个请求，我这里有个小沛，就在徐州附近，请您暂时屯军在那儿，一旦有意外，您也可以帮我保护徐州，这样可以吧？"刘备这才勉强答应了。

又过了一些时候，陶谦得了重病，卧床不起，而且一天天加重起来。他知道自己快不行了，就开始和部下商议起后事来，他决定再努力一次，一定要把徐州让给刘备。于是，他派人到小沛去请刘备。派去的人见到刘备报告说："陶刺史请刘公前去商议军务。"刘备没有多想，以为还和往常一样，确实有重要的军务要商量，就马上赶往徐州。

刘备带着随从赶到徐州时，陶谦已经奄奄一息了，见到刘备来了，一把抓住刘备的手，断断续续地说："我请您来，不是……不是为了别的事情……只是因为……因为我的病不会好了，怕是很快就要离开人世……我再次请求您，接受我的委托，治理徐州，那样，我死也瞑目了。"接着，陶谦又气喘吁吁地向刘备强调了自己的两个儿子都是无能之辈，肯定不能胜任刺史的重任，一再告诫刘备要亲自管理徐州，千万别传位给他的两个儿子。刘备还要推托，只见陶谦冲他摆了摆手，又用手指着自己的心口，慢慢地咽了气。

刘备和陶谦的部下一起，为陶谦办了丧事。办完丧事，徐州的军民遵照陶谦的遗言，一致拜请刘备接受徐州官印，任徐州刺史。刘备推托不下，又不忍辜负死去的陶刺史的重托，只好接任徐州刺史。

陶谦三让徐州，传贤不传子的故事，受到了人们的称赞。刘备坚守仁义，非礼勿取的品格也给后人做出了榜样。

经受住苦难锤炼

【原文】

得意处论地谈天，俱是水底捞月；拂意时吞冰啮雪，才为火内栽莲。

——明·洪应明《菜根谭》

【译文】

得意的时候谈天说地，都如水底捞月般虚幻不真实；在不顺自己心意的逆境中，吃冰咽雪，经受这样的艰苦锤炼，才能如烈火中莲花一般真实可贵。

家范箴言

在一切顺利的时候，高谈阔论，都如水中捞取月亮一般不真实，得不到实在的修行。在身处逆境的时候，经受各种苦难锤炼，就如烈火中栽种莲花，这个时候才能获得真正的进步。吃得苦中苦，方能成就一番事业。无论是修养自己的德行还是求学工作，都需要有这种认识。

身处顺境，吃饱喝足之后，发一番感慨，说一通道理，这种言论并没有真正认识人生，无助于取得真正的成功。真正的成功，只有经历一番艰苦锤炼之后才能取得；人生的真味，只有经历一番艰苦锤炼之后才能体悟。

家风故事

范仲淹"划粥"苦读

范仲淹是北宋时期杰出的政治家和军事家。

第三章 己身为范：修身养性成楷模

他出生在苏州吴县一个贫苦农民的家庭里。他两岁时，父亲离开了人世，母亲无法维持生活，便带着幼小的范仲淹嫁到长山朱家。

在当地，朱家称得上是一户富裕人家，藏书丰富。范仲淹生活在这样的家庭里，不愁吃，不愁穿，刚步入少年就迷恋上了读书，经常一个人在房子里看书，有时竟忘记了吃饭和睡觉。

范仲淹有个朱氏兄弟，平日十分贪玩，不爱学习，一拿起书本就直皱眉头。作为哥哥，范仲淹经常规劝弟弟努力学习，长大后考取功名，不但可以光宗耀祖，还能为国为民出力，施展自己的抱负。一天，范仲淹又真诚地劝说朱氏兄弟。可是，朱氏兄弟非但不领情，反而十分反感地说："我吃朱家的饭，穿朱家的衣，要不要读书，不要你来多管闲事！"

"从小不爱读书，长大没出息。我是你的哥哥，就要管！"朱氏兄弟嘴巴一撇，斜着眼睛说："哼，撒泡尿照照自己的脸吧！你以为你是朱家人，别臭美了！哼，想管我的话，等下辈子吧！"

范仲淹听了这话，好像当头被人狠狠击了一棒，木然地站在原地。朱氏兄弟的话像把利刃，深深地刺伤了他那已渐渐懂事的幼小的心。一时，他的脑海里浮现出一个个令人痛心的景象：平时，爸爸对自己总不如对弟弟那般慈爱、关心，妈妈时常背着爸爸偷偷抹眼泪，小伙伴们也总是在自己背后指指点点、说三道四……想着想着，范仲淹眼泪就像断了线的珠子往下掉。

范仲淹含着泪，拔腿去找妈妈。他一头扑进妈妈的怀里，诉说自己的委屈。善良的妈妈怕伤了儿子的心，一直将改嫁到朱家的事瞒着他。妈妈望着已长大懂事的孩子，抚摸着范仲淹的头，把一切都告诉了他。最后，母子俩抱头痛哭了一场。有志气的范仲淹抬起头告诉妈妈，自己决心自立，去长山醴泉寺修行苦读。

妈妈心疼他，一开始不答应，后来终于拗不过铁了心的范仲淹，才答应了他。没过几天，范仲淹就收拾好简单的行李告别了母亲，住进了长山醴泉寺的僧房。

醴泉寺远离喧闹的市镇。这里虽然林木参天，山泉潺潺，十分清静，是修行读书的好地方，但是生活却非常艰苦。在寺院，少年范仲淹再也享受不到在朱家时那种安逸的生活。他每天自己生火，熬一锅粥，待粥冷却凝固后，他用力将它划成小块，早晚各吃一半；所吃的菜更是简单，只是切几根咸菜用以拌粥。

过着如此清贫的生活，年少的范仲淹从来没有后悔过，更没有喊过苦。一天，寺院的主持法师到僧房看望他，问："你每天划粥而食，觉得苦不苦？"

范仲淹回答道："寺里的生活比起朱家的确苦得多。但是在这里我能安安心心、自由自在地读书，像鱼儿一样在书海里游弋，这难道不快乐吗？"

主持法师连连称赞范仲淹年少有志，长大后一定前途无量。同时，他也深深地为范仲淹的读书劲头所感动，不但毫无保留地把寺里的藏书都让他看，还千方百计地寻找好书给范仲淹。就这样，少年范仲淹在醴泉寺苦读了好几年。

为了学到更多的知识，范仲淹依依不舍地离开了伴他度过好几个春秋的长山醴泉寺，风餐露宿、千里迢迢地来到南都（今河南商丘）寻师访友。经人推荐，他进了当时声名斐然的南都学舍继续求学。

在南都学舍，范仲淹仍然像以往一样食粥苦读。晚上读书困倦了，他就用冷水洗脸浇头；实在想睡觉了，就和衣躺一会儿，醒来后继续攻读。

范仲淹生活艰苦，依然能勤奋读书，引起了他一个同学的注意。这位同学是留守的儿子，家境很富裕。他回家把范仲淹食粥苦读的事告诉了父亲。留守听了之后被感动了，他把儿子叫到面前，语重心长地勉励他向范仲淹学习，并吩咐儿子带些米饭、鱼肉给范仲淹吃。

一连几天，留守的儿子从家中带了好饭好菜请范仲淹吃。可是，范仲淹总是推辞，怎么也不肯吃。他依然只吃粥块，竟还吃得津津有味。留守的儿子见状，一开始纳闷不解，后来心里不太高兴了，就说："家父听说你读书很辛苦，叫我送来一些食物给你吃，好补补身体。这不是嗟来之食，你为什么不吃呢，难道怕它玷污了你的品德吗？"

范仲淹双手一拱，真诚地回答道："兄弟你误会了，我很感谢你们的好意和关怀！我读书已吃惯了粥，今天吃这样精美的食物，的确可以补养身体，但我担心会动摇我的意志。今天吃了，以后我怎么还能坚持吃粥呢？"

留守儿子听后，明白了范仲淹为读好书的良苦用心，不快的情绪一下烟消云散，连声称赞道："兄长的精神令小弟佩服！佩服！"

后来，范仲淹在南都学舍吃的比以前更糟，有时一天连两顿粥都吃不上，只能到傍晚时吃一顿。这样，他勤学苦读了许多年，读过的书比他的身高要高出许多倍，从而掌握了广博的知识，为后来在朝廷施展才华奠定了扎实的基础。

范仲淹年少时生活清苦，官至宰相后依然保持了艰苦朴素的生活作风。他为官清廉，心地善良，视百姓如父母，经常把钱物分给穷苦的乡亲们，颇受百姓爱戴。范仲淹去世时，"四方闻者，皆为叹息"，乡亲"哭之如父"。可见，他在百姓心中有多么高的威望啊！

忠信之礼无繁

【原文】

忠信之礼无繁，文惟辅质；仁义之资不匮，俭以成廉。

——《隋书·乐志》

【译文】

忠诚而守信的制度和礼节不需要繁复藻饰，文采只是用来辅助实际的礼节内容；仁爱和正义的资质不缺乏，俭省节约就能成就廉洁。

家范箴言

要发自内心地忠实、守信，不要流于表面繁复的礼节；时刻具有仁爱正义之心，在生活中节俭，这样才能成就自己廉洁的名声。如果只想以形式上繁复的礼节来展现自己的忠诚和守信，而内心实际并无此意，也不付诸真实行动，那自己的真面目早晚会被别人拆穿，且被认为是一个虚伪的小人。对家人、乡邻都能关怀、爱护，常怀正义之心，就会得到别人的爱戴和信任，廉洁的声誉很容易成就。忠信、仁义都是儒家倡导的立身处世原则，如果能真诚守信且付诸行动，不流于表面形式，对每个人来说都大有益处。

颜真卿死不易节

唐建中三年（782 年）十二月，一件意想不到的事件震动了朝廷，淮西节度使李希烈反叛朝廷，自称天下都元帅，建兴王。唐德宗吓坏了，急忙下诏令，让已经 80 多岁高龄的太子太师颜真卿前往许州去招抚李希烈。诏令一下，满朝文武都为颜真卿捏着一把汗。颜真卿的家里更是不平静，儿子、孙子围着他说："您去许州，必无生还，还是不要去了！"颜真卿镇静地说："皇上的命令，怎能回避呢？我只有一个要求，请你们好好供奉祖庙，抚养老母。"第二天，他就起程了。

一路颠簸，来到了许州府，还未等他宣旨，就听到外面吵闹不止，他走到府门前，发现有一千多人将许州府团团围住，有人指着颜真卿嚷嚷说："姓颜的，赶快离开这里，不然就宰了你。"说着几个人真的拿出刀来。颜真卿心里明白，这是李希烈一手策划的。他不动声色，凛然站在那里，怒视着这一帮人。

"难道他真的不怕死吗？"

"这一招不行，怎么办？"人群里有人嘀咕着，谁也不敢动了。这时，李希烈忙从府上出来，假意喝退这帮人，又恭敬地把颜真卿请到府里。随后，四个藩镇反叛的节度使朱滔、王武俊、田悦、李纳也来到李府，见到颜真卿，故意说道："人闻颜太师德高望重，现在李都统将要改号称帝，您此刻来到，这是上天把宰相赐送来了。"颜真卿立刻明白了他们的用意，大声呵斥道："什么宰相？你们知道因大骂逆贼安禄山而死的颜杲卿吗？他就是我的兄长。我今年已经 80 多岁了，知道什么时候该守节而死，怎么能在你们的利诱面前低头呢？"转身又对李希烈说："你不保全自己的功业，做唐朝的忠臣，反而和这些乱臣贼子站在一起，自取灭亡吗？"李希烈恼羞成怒，忙命人把颜真卿关押起来。

十几天过去了，李希烈见颜真卿仍不改初衷，便又想了一个花招。一天，他命人在庭院里挖了一个深坑，把颜真卿带到坑前，威胁他说："你只要归顺于我，我封你为臣，不然我就活埋了你。"颜真卿冷笑了一声，神态自若地回答说："我来这里，就没想到活着回去，你何必弄出这么多花样呢？赶快刺我一剑，了却了你的心愿，岂不更痛快吗？"

李希烈见他宁死不屈，只好又把他押了回去。

一年以后，朝廷发布赦令，与李希烈一同反叛的王武俊、田悦、李纳见状不好，趁机自动去掉了王号，并上表请求降服。李希烈知道后，非常气愤，大发雷霆，说："我现在兵强财富，完全可能称帝，我看谁还敢和我对抗！"于是，他便开始筹划登基。但他不知道登基的礼仪和程序，只好又派人来找颜真卿。

"我是任过礼仪官，但我只知道诸侯臣子朝拜天子的礼仪，不知道逆贼怎么登基！"颜真卿愤愤地说。

"你这个老不死的，再不肯服从我，我就让你自焚！"李希烈恼怒地说，接着命令他的部将辛紧臻，"给我在庭院里点火。"熊熊大火烧起来了，颜真卿昂着头向烈火走去。辛紧臻急忙上前拦住他，李希烈还想从颜真卿身上得到什么，并不想真的让他死。

不久，李希烈终于在汴梁称帝，将汴梁改为大梁。颜真卿仍不屈节，穷凶极恶的李希烈下令处死这位老者。临刑前，颜真卿迈着坚实的步子，边走边大骂李希烈是"反贼""逆种"，在场的人都被他这种死不易节的情操感动了。

忠于国家，有时是要付出生命的。颜真卿为国尽忠的事就像他传世的"颜体"书法一样，流芳千古，因为这其中有他忠贞刚正的人格啊！

人要"以俭修身"

【原文】

家中人来营者，多称尔举止大方，余为少慰。凡人多望子孙为大官，余不愿为大官，但愿为读书明理之君子。勤俭自持，习劳习苦，可以处乐，可以处约，此君子也。余服官二十年，不敢稍染官宦气习，饮食起居，尚守寒素家风，极俭也可，略丰也可，太丰则吾不敢也。

凡仕宦之家，由俭入奢易，由奢返俭难。尔年尚幼，切不可贪爱奢华，不可惯习懒惰。无论大家小家，士农工商，勤劳俭约未有不兴，骄奢倦怠未有不败。尔读书写字，不可间断。早晨要早起，莫坠高曾祖考以来相传之家风。吾父吾叔，皆黎明即起，尔之所知也。

——清·曾国藩《曾国藩家训》

【译文】

从家里到军营中来的人，多称道你举止大方，我为此感到稍有安慰。大多数人多期望子孙做大官，我不希望你做大官，只愿你做读书明理的君子。勤劳节俭，控制自己的欲望，经受劳累，经受苦难，在快乐的环境中能生活，在贫困的条件下也能生活，这就是君子了。我做官二十余年，不敢沾染一点官宦习气，饮食起居，仍然恪守清贫家风，非常节俭，稍稍丰裕点也能行，太丰裕那是我不敢的。

凡是做官的人家，由勤俭到奢华很容易，由奢华再回到勤俭就很难了。你年龄还轻，切不可贪爱奢华，不可习惯懒惰，无论大家小家，也无论是读书人、农民、工匠、商人，勤奋吃苦、勤俭节约没有不兴旺的，骄纵奢侈、倦怠懒慢没有不衰败的。你读书写字不能间断。早晨要早起，不要失去了高祖、曾祖、祖父、父亲相传的家风。我的父亲、叔叔，都是天一亮就起床，这你是知道的。

家 范 箴 言

曾国藩在家书中，教导儿子要读书明理，莫求升官发财，指出，"由俭入奢易，由奢入俭难，勤劳俭约未有不兴，骄奢倦息未有不败"，希望纪鸿继承世代相传的家风。"勤俭自持，习劳习苦"，切不可贪爱奢华，惯习懒

第三章 — 己身为范：修身养性成楷模

惰。曹国藩位高权重，但不求儿子成龙成凤，怕儿子变成"渐内"式的花花公子，训诫儿子读书明理，戒奢华，习勤苦。这种"爱之以其道"的精神是值得称道与学习的。

家 风 故 事

勤俭持家的吴成

从前，在中原的伏牛山下，住着一位叫吴成的农民，他一生勤俭持家，日子过得无忧无虑，十分美满。

相传他临终前，曾把一块写有"勤俭"两字的横匾交给两个儿子，并且告诫他们："你们要想一辈子不受饥挨饿，就一定要照这两个字去做。"当时兄弟两人均未明白父亲的意思，不过他们知道这块牌匾可能会关乎他们一生的生活方式，所以兄弟两人一直都将这块牌匾妥善保存。

后来，兄弟两人分家。这块牌匾也被一分为二，老大分得了一个"勤"字，老二分得一个"俭"字。老大把"勤"字恭恭敬敬高悬家中，每天日出而作，日落而息，年年五谷丰登。然而他的妻子过日子却大手大脚，孩子们常常将白白的馒头吃了两口就扔掉，久而久之，家里就没有一点余粮。

老二自从分得半块匾后，也把"俭"字当作"神谕"供放中堂，却把"勤"字忘到九霄云外。他疏于农事，又不肯精耕细作，每年所收获的粮食就不多。尽管一家几口节衣缩食、省吃俭用，毕竟也是难以持久。

这一年遇上大旱，老大、老二家中都早已是空空如也。他俩情急之下扯下字匾，一时气愤将"勤""俭"二字踩碎在地。这时候，突然有纸条从窗外飞进屋内，兄弟俩连忙拾起一看，上面写道："只勤不俭，好比端个没底的碗，总也盛不满！"

"只俭不勤，坐吃山空，一定要挨饿受穷！"兄弟俩恍然大悟。

"勤""俭"两字原来不能分家，相辅相成，缺一不可。吸取教训以后，他俩将"勤俭持家"四个字贴在自家门上，时时提醒自己，告诫妻子儿女，身体力行，此后日子过得一天比一天好。

俭可助廉，恕可成德

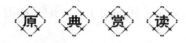

【原文】

吾平生所学，得之忠恕二字，一生用不尽。以至立朝事君，接待僚友，亲睦宗族，未尝须臾离此也。人虽至愚，责人则明；虽有聪明，恕己则昏。苟能以责人之心责己，恕己之心恕人，不患不至圣贤地位也。惟俭可以助廉，惟恕可以成德。

——《宋史·范纯仁传》

【译文】

我平生所学，得益于"忠恕"二字，一生受用不尽。以至于在朝廷做官事君，在家里接待同僚好友，在平时亲善和睦宗族，都不曾片刻离开过它。

有些人看起来虽然愚笨，但责备别人时却很明白；有些人看起来虽然聪明，但宽恕自己时却显得十分糊涂。如果能以责备别人的心去责备自己，用宽恕自己的心去宽恕别人，就不用担心达不到圣贤的境界了。只有节俭可以帮助一个人廉洁清明，只有宽恕可以培养一个人应有的良好品德。

家范箴言

范纯仁在做人的问题上，既特别重视一个"俭"字，所以史载"自为布衣至宰相，廉俭如一"；又特别重视一个"恕"字，所以自称"平生所学，得之忠恕二字"。

起居饮食，注意节俭；以责人之心责己，恕己之心恕人。九百年前的封建官僚能够做到的，我们今天的人们应该做得更好些！

第三章 己身为范：修身养性成楷模

家风故事

晏婴尚俭拒新车

春秋时期，齐国有个大夫叫晏婴，由于他职位高，资格老，大家都很敬重他。但是晏婴自己却十分清廉俭朴，住的是低矮的房子，乘的是破旧的车子，拉车的也是劣马。

有一天，晏婴驾车上朝，正好被齐景公看见。见他车破马老，景公很感慨，转念一想，晏婴身为齐相，这么寒酸，知道的人说晏婴俭朴廉洁，不知道的人还以为我不关心老臣的日常生活，这不是有损我君王的形象吗？于是便对晏婴说："你的俸禄是不是太低了，为什么乘这么破旧的车呢？你的马也太老了，一点精神都没有。"听了景公的话，晏婴微微一笑，回答说："靠您的赏赐，得以维持我家庭和亲友的生活，我穿得暖，吃得饱，住得也很舒适，出门还有车马，虽然车子旧点，马也走得慢些，但对我来说，已经很满足了。"

听晏婴这么说，齐景公也不好再说什么，等晏婴走了以后，就吩咐人给晏婴造了一辆崭新的车，又选了匹强壮漂亮的马，一起送给晏婴。可是，车马送到后，晏婴不肯接受，送车马的人反复说了景公的好意，晏婴还是不接受，于是一退再退，始终没有留下送来的新车和好马。

景公知道后，心里很不高兴，心想晏婴也太不给我面子了，好心好意资助你，为什么要这么固执地拒绝呢？于是，立即召见晏婴，一脸不高兴地说："你不肯接受车马，那以后我也不要车马了。"

晏婴一看景公在赌气，马上回答说："您让我管理文武百官，帮助您统治百姓，我节衣缩食，努力为全国上下做出榜样，但时时唯恐自己太浪费奢侈。现在，您有车马，我也有车马，如果我还不满足，非要坐豪华的车，那么其他官员和百姓追求衣食奢华，行为越轨，不讲信义的话，我就没有理由去禁止和教育他们了。所以，我这么做，既是为百官和人民做榜样，也是为您树立形象啊！"

听了晏婴的话，景公点头赞许，于是不再生气，也没再要求晏婴接受自己的车马。

过了一段时间，景公设宴饮酒，大夫陈桓子在旁边侍候。那天晏婴来得稍晚，当陈桓子看见晏婴来到，就对景公说："请罚晏婴一杯酒。"景公问："为什么呀？"陈桓子说："晏婴穿着黑绸衣，麋鹿皮做的袍子，乘着破旧的车上朝，把您的赏赐完全给埋没了，这也是不利于您的威望呀！"齐景公说："对呀，就罚他一杯酒吧。"斟酒的人捧着一杯酒，送到晏婴面前说："国君要罚您一杯酒。"晏婴忙问："为什么？"陈桓子就把刚才对景公说的话又重复了一遍。晏婴听完，语重心长地对景公说："您赐给我最高的权位，我不敢向人炫耀，我只是执行您的命令罢了；您赐给我高薪厚禄，我也不敢享受，只是接受了您赏赐的心意罢了。我听说，古时的贤臣，接受了很多赏赐而不顾自己的族人，便要受惩罚；担任了要职而又无法胜任，也要受惩罚。国君的内臣，臣子的父兄，如果离开了您，流散在野外，这是我的罪过；国君的外臣，尽职的官员，如果四处流亡，这也是我的罪过；军备不充实，战车得不到修理，这更是我的罪过。至于我乘着破旧的车，驾着跑不快的劣马上朝，这不是我的罪过。而且因为您的赏赐，我的父辈亲友，没有人挨冻挨饿，丰衣足食，外出有车坐。还有许多等待选拔任用的人们，正等着我去解决他们的吃饭问题。如此看来，我应该埋没您的赏赐，还是显明您的赏赐呢？"

听完晏婴的话，景公忙说："你说得对啊，那么替我罚陈桓子一杯酒吧！"

身居高官显位而追求俭朴清廉，拒绝豪华奢侈，这是一个人的美德，只有这样做，一个国家才会形成廉洁朴素的好风气。

089

第三章

己身为范：修身养性成楷模

美德不容半点瑕

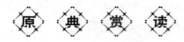

【原文】

小处容疵，大节堪毁。

——隋·文中子《止学》

【译文】

小的地方存有缺点，大的节操就可能被葬送掉。

家范箴言

从小事做起是修身养性的根本，一点一滴地积累才能成就品德的提升。古人言"莫以善小而不为"，说的就是不要好高骛远，要在小节之处自律。一个人的品行高低往往体现在他的一举一动中，崇尚空谈的人总有他的破绽之处。事情自有它的发展规律，只要人们细心观察，小心印证，不仅可以辨出真伪，还可以此为突破口，识人于不觉之中。

家风故事

见微知著的范文程

1606 年，明朝的名将洪承畴在松山被俘，做了大清的阶下囚。大清皇帝皇太极十分看重洪承畴，他被俘当日就被押往盛京，幽禁在三官庙西配殿中。

洪承畴以忠臣自居，誓死不降。他在殿里光头赤脚，不时大骂，又哭又笑，说着为国捐躯的话。皇太极多次派大臣劝他归顺，都被洪承畴骂得狗血喷头，大臣们认为他死心塌地，于是上报皇太极说：“洪承畴只求一死，不假辞色，看来是无法劝降了。这个人软硬不吃，只知尽忠，请陛下及早杀了他。”

皇太极爱惜其才，并不绝望，他没有答应大臣们的请求，却把谋士范文程召来，当面吩咐他说：“洪承畴人才难得，若为我大清所用，其助大矣。人们都说他难以劝服，还望你多加用心，促其回心转意。”

范文程奉命前来，见到洪承畴，却不说一句劝降之词。洪承畴心中狐疑，面上仍肃然如冰，多加戒备。

范文程和他海阔天空地谈起来，洪承畴渐渐放松警惕，话语也平和了许多。说到生死之事，范文程道：“人难逃一死，却无人断定自己如何死法，这可是人智力不及？”

洪承畴听之一叹，说道：“生死大事，全在天命，人安能察之？若能死之无愧，尽孝尽忠，不留骂名，当是死得其所了。”

范文程微笑以对，不置可否。

说着说着，房梁上有积尘飘落到洪承畴的身上，洪承畴眉头一拧，急忙拂去。如此几次，洪承畴皆显嫌弃之色。

范文程看在眼中，心头却是一亮。他和洪承畴不再深谈，便急急忙忙去见皇太极，禀报说：“陛下勿急，只要假以时日，多下功夫，依臣看来，那洪承畴一定会屈服的。”

皇太极便问：“他可有说法？”

范文程摇头，回道：“他并未言降。”

皇太极不觉气馁，叹息说：“此人不可理喻，当真无法劝降啊，看来只好遂其心愿了。”

范文程上前一步，肯定地说：“此人言过其实，不似大忠之状。臣见他连衣服都十分爱惜，何况他自己的生命呢？陛下只要劝降得法，洪承畴当会一攻即破，纳首下拜。”

皇太极心中大喜，一日冒着寒风亲至关押洪承畴之处。他故作关爱之状，把自己的貂裘披服脱下，给洪承畴穿上，且说：“先生大才，如此委屈先生了，先生这样就不冷了吧？”

洪承畴没想到皇太极亲自劝降，更不料他态度如此亲切，一时十分感动，如在梦中。他本想矢志不渝，但今受这般礼遇，便一下子信念全失，叩头请降。

事后皇太极对范文程称赞说："先生一叶知秋，真是人所不及啊，你见人所未见，谁还能逃得过先生的法眼呢？"

舒畅情志，修炼心性

【原文】

子曰：吾十有五而志于学，三十而立，四十而不惑，五十而知天命，六十而耳顺，七十而从心所欲，不逾矩。

——《论语·为政》

【译文】

孔子说：我十五岁立志于学习，三十岁立足于社会，四十岁掌握了各种知识，五十岁了解并顺应了自然规律，六十岁对耳闻的东西能够融会贯通，七十岁可以随心所欲，又不超越礼的准则。

家范箴言

孔子以"三十而立，四十而不惑，五十而知天命，六十而耳顺，七十而从心所欲，不逾矩"概括他一生几个阶段的特点，足见其养性到家。

特别是六十岁以后，好话、坏话都听得进了；七十岁后，怎么想就怎么做，不会越矩了——这已把心性修炼到高境界了。

《论语·述而》中有："子曰，'饭疏食、饮水，曲肱而枕之，乐亦在其中矣。不义而富且贵，于我如浮云'。"意思是说，吃粗饭，喝凉水，弯着胳膊当枕头，乐趣也在其中了。用不义的手段得到富贵，对我来说就如浮云一样。这种逸趣是多么超脱。

孔子非常重视养生，不但注重养生，而且注重养性。我国传统养生学继承了这一点。

《万寿丹书·安养篇》中有："众人大言，而我小语；众人多烦，而我小记；众人悸暴，而我不怒。不以俗事累意，不临时俗之仪，淡然无为，神气自满，以此为不死之道。"恬澹虚无，与世无争，精神内守，则气血调和，邪无所容，百病不生，所以能健康长寿。

古人舒畅情志的方法，以静坐第一，观书第二，看山水花木第三，与良朋讲论第四，教子弟第五。认为人生的十大乐事为谈义理字，书法帖字，澄心静坐，益友清谈，小酌半醺，浇花种竹，听琴玩鹤，焚香煎茶，登城观山，寓意弈棋。古人怡养情志的养生之道迄今仍值得我们借鉴。

国内外学者对长寿老人的流行病学调查表明，绝大多数长寿老人的性格都具有心胸豁达、性格开朗、情绪乐观的特点。现代医学研究也证实，心理状态一直处于泰然自若的最佳水平者，神经内分泌对机体各器官的调节也保持在最佳状态，从而提高了机体的抗病能力，有助于健康长寿，所以古人强调"养生重在养性"是很有科学道理的。

在当今的生活中，人们无论是学习还是工作，都非常紧张而忙碌，很难有古人那种遍游名山大川、临渊观鱼、披林听鸟的机会。但在日常生活中，如能努力做到闹中取静，忙里偷闲，淡泊名利，摆脱世俗事务的烦恼，对健康长寿是十分有利的。

家 风 故 事

杨辛修身养性秘诀

著名美学家、书法家、北京大学教授杨辛，虽然已是耄耋老人，可他越活越年轻，授业不停，几个小时也不休息。他的思维敏捷，神采飞扬，年轻人都自愧不如。

谈起养生之道，杨先生笑着说："养生贵在养心。"

"养心之道，贵在保持心境平和。"杨先生说，"如何保持心境平和，一是顺其自然，二是积极看待生活中的挫折。"

杨先生一生的经历，可谓多灾多难。他 12 岁父母双亡。年轻时做过学徒、卖过报纸，当过锅炉工、管工、木工，什么粗活重活都干过。但他心态乐观，笑对人生，总是以平和、宽容、豁达的心态面对生活，保持饱满、愉快的精神，战胜挫折，终于迎来生命的春天。

　　退休以后，他开始全身心地投入书法研究和练习，以写字保持自己的安静，忘掉衰老和烦恼，得以养生。

　　"养心贵在愉悦。"这是杨先生的第二个秘诀。他的书法有很高的收藏价值，可他的作品大多赠送了朋友，分文不取。他说，没有友谊的人，就像一片荒漠，而友谊的滋润能使人快乐加倍，烦恼减半。抗洪抢险、抗击非典、神舟五号发射成功，他都写出最好的字赠送。他说，每写一个字，都会使自己的心情无比快乐。

　　"养心贵在充实。"这是杨先生的又一个体会。他虽然从岗位上退了下来，但他的生活和研究工作却更加充实了。近 20 年来，他从事泰山美学的研究，他曾先后 40 次登上泰山，其中，20 多次是他 70 岁以后登上去的。除了 3 次是坐缆车，其余都是徒步上去的。他说，泰山的美景，丰富了自己的学术宝库，也充实了自己的人生体验。他像一头不知疲倦的老黄牛一样，每天都把日程安排得满满的。充实的人生，让他身心愉悦。

第四章

克勤克俭：自律正己做表率

　　自控不仅仅是在物质上克制欲望，对于一个想要取得成功人生的人来说，精神上的自控也是十分重要的。衣食住行毕竟是身外之物，不少人都能克制，但精神上的、意志力上的自控却不是人人都能做到。因此我们有必要学习一些律己之道。

律己要严，待人宜宽

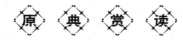
原 典 赏 读

【原文】

人之过误宜恕，而在己则不可恕；己之困辱宜忍，而在人则不可忍。

——明·洪应明《菜根谭》

【译文】

对于别人的过失应该采取宽恕的态度，而如果错误在自己，那么就不能宽恕；自己遇到困境和屈辱应当尽量忍受，如果困境和屈辱在别人身上，就不能置之不问。

家 范 箴 言

从人的本性上来说，总是看别人的错误比较清楚，看自己的错误比较模糊；看到别人对自己的嫌弃容易，却忽视别人的优点。能指出别人的错误，并放宽心怀给他以施展才华的机会，也是一件有益的事。这本是无声的事，但是一旦对方明白了其中原委便能加以改正，则更加功德无量，何乐而不为呢？许多时候，自律加宽容才是贤人所说的自省自戒的至高境界。

有人说：只要有人的地方，就会有争斗。若想与他人和平相处，不仅需要我们内在自省的修为，还要有外在的宽容。只有双管齐下才能拥有一个良好的人际关系网。《菜根谭》中的说的"人之过误宜恕，而在己则不可恕；己之困辱宜忍，而在人则不可忍"，就是暗指此理。在我们的生活中，缺少自省和宽容中的任何一个，都会使双方陷入泥潭而难以挣脱。

孔子不怨恨晏婴

孔子是春秋末期鲁国陬邑(今山东省曲阜市)人。他是中国历史上一位大思想家、教育家、史学家，还是儒家学派的创始人。他一生提倡忠恕之道，用这个道德标准，对学生谆谆教导，而且在周游列国之中，劝告各国诸侯实行恕道，自己在生活中也身体力行。

鲁昭公二十五年（前517年），鲁国三家最有势力的贵族把国君赶跑了，鲁国没有了君主，国内一片混乱。孔子看到这里环境不安定，书也难教下去，就决定到齐国去推行自己的政治理想。

齐国国君景公早就听说孔子是个大学问家，所以孔子一到齐国，就接见了他，向他请教治国之道。孔子毫不犹豫地说："要治理好国家，重要的是推行恕道。君王要像个君王，臣子要像个臣子，父亲要像个父亲，儿子要像个儿子。果能如此，社会秩序自然会安定，国家就会上下一心，坚如磐石了。现在天下大乱，无道行为时有发生，臣弑君，子弑父，这都是道德衰败的原因呐。"

齐景公听得津津有味，就又问："先生，你看齐国还应该注意什么？"

孔子毫不客气地说："贵国当前最严重的问题，是官员、富户豪华奢侈，铺张浪费。他们居华屋，吃美味。您知道挨饿受冻的滋味不好受，就要想法别让百姓饿着冻着。富与贵，是人人所盼望的，不用正当的方法去得到它，君子不接受；贫与贱，是人人所厌恶的，不用正当的方法去抛弃它，君子也不能摆脱。"接着他又详细讲述了各种具体的礼节。齐景公对孔子的议论非常欣赏，准备重用他，还打算把尼溪之地封给他。

齐国的相国晏婴听说了这事，急忙跑到景公那里，劝阻说："孔丘这帮读书人，到处夸夸其谈。他的那套主张，根本不切实际。尤其那些繁文缛节，谁也没法做。他的话也就是听听而已。"

齐景公觉得晏婴的话有一定道理，就不打算重用孔子了。这时有人告诉孔子说："我们国君本来想重用你，可是他又是个极没主意的人，听了晏婴说你的坏话，就打消了用你的念头。你说这人……"

孔子没等他说完，就一反话头，说："虽然晏婴和我的主张不同，不过，我认为他还是个好人。你们齐国奢侈成风，可他身为相国，一件皮袍穿了30年，还坐着那辆老马破车，国君要给他换一辆华贵的车，他坚决拒绝了。我听说，他很爱结交朋友，并且对朋友很有礼貌。这些正是干大事业的人的风度啊！尽管晏婴背后说我的话，我不赞同，但是我不怨恨他。"

对给自己说过坏话的人，不但不记恨，反而能实事求是地评论，孔子的这种精神传出去以后，人们更加敬重他了。孔子在齐国闲待了两年多，就又回到鲁国去了。

孔子51岁的时候，被鲁定公聘请去，先是任中都宰(都城行政长官)，后又任司空，不久改任司寇。孔子从政以后，和同僚、下属以及乡邻百姓，都相处很好。他对部下说话温和，自己能做的事从不让属下代劳；他对上司恭敬有礼；在路上遇见百姓办丧事，他总要停车行礼，表示哀悼；宴席结束时，总是让老年人先走；若是知道朋友死了，家里又没有子嗣，他就主动地帮助办丧事，给以埋葬。

体谅别人，不嫉恨别人，正是孔子在实践恕道，这也是他赢得后人敬重的原因之一。

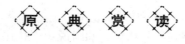

【原文】

势利纷华，不近者为洁，近之而不染者为尤洁；智械机巧，不知者为高，知之而不用者为尤高。

——明·洪应明《菜根谭》

【译文】

面对世上纷纷扰扰、追逐名利的恶行，不去接近是志向高洁，然而接近了却不受污染则更为品质高尚；面对计谋权术这样的奸猾手段，不知道它的人固然是高尚的，而知道了却不去用这种手段的人则无疑更为高尚可贵。

家范箴言

世事纷纷扰扰，唯有名利权势最让人眼花缭乱以致失去本我。适度追求名利，本不是一件坏事，但趋炎附势不择手段便是一种耻辱，污浊不堪。在这过程中，如果立身处世不能在高一点的境界里，就如同在尘土飞扬的空气中拍衣裳、在泥泞不堪的水洼里洗脚一样，很难超凡脱俗，使自己的身心安乐愉快。

我们不可能让纷扰停止，更不可能阻止人们远离名利，但是我们可以选择从心开始，在这烦嚣的尘世间洁身自好，保持内心的高贵。如此这般，自会如一枝青莲，出污泥而不染，濯清涟而不妖。势力繁华不改，不过分亲近，就可以保持心境的明澈；心中机巧不用于俗务人事，用于学术艺道，则清雅之至，这是一种自治自律的处世哲学和立身法则。真正的高人，正是秉持着这种立身法则，以出世的心耕耘入世的事业，才得以让德业跟进事业而不疏。

家风故事

孙叔敖教子归乡

春秋时期的楚国，有一个叫孙叔敖的人。楚庄王当了国君以后，广泛招揽人才，梦泽的地方官就把孙叔敖推荐给楚庄王。孙叔敖离开梦泽时，当地的老乡都来送他，有位老者叮嘱他说："地位越高，越要谦逊待人；官职越大，就越要小心谨慎；俸禄越多，就越要廉洁奉公。"孙叔敖上任后，牢记这三条准则，辅佐楚庄王改革政制，整顿吏治，力图使朝政清明。楚庄王也是个开明的君主，孙叔敖的合理建议他都采纳了。几年之后，楚国就变得强盛起来。

可是，没过多久，孙叔敖就积劳成疾，一病不起。尽管楚庄王为他找了国内最好的名医，也没有治好。临终前，孙叔敖将一卷奏章交给儿子，要儿子转交给楚庄王，又嘱咐儿子说："你没有治国之才，我死后，你不要再做官，回去务农吧，如果大王封给你土地，不要拿好的地方，要那块没人耕种的寝丘就行了。"说完，就溘然长逝了。他的儿子孙安按父亲的遗嘱把奏章呈交给楚庄王，楚庄王打开一看，里面谈了许多忧国忧民的政见，最后还写道："承蒙大王的厚爱，我一个普通的乡下人做了楚国的令尹，大王恩宠，难以回报。今我要离大王而去，我别无他求，只有儿子，他才能平凡，请大王让他回乡生活，这就是对他的照应了。"

楚庄王被孙叔敖的一片诚心所感动，一边看，一边流泪，看到最后已泣不成声，悲痛地喊道："苍天啊！为什么夺走我的股肱之臣！"他想把孙安留在身边，可孙安不愿违背父亲的遗愿，坚持要回家乡，楚庄王只好同意了。

孙安回到家乡以后，生活很贫困，只靠打柴维持生活。楚庄王整日打理国事，也无暇顾及孙安。加上令尹官职显赫，俸禄颇高，楚庄王也绝想不到孙叔敖的儿子孙安贫困至此。而孙安牢记父亲的嘱咐，决不给楚庄王找麻烦。

过了很长时间，有一天，楚庄王身边的一位老者优孟，到梦泽去办事，路上遇见了孙安，只见孙安衣衫褴褛，背着一大捆柴草，一副穷困潦倒的样子。优孟心里很难过，心想："孙叔敖为楚国竭尽心力，办了那么多的好事，他的儿子竟贫困到这样的地步，楚庄王为什么不问问呢？"

回到家以后，优孟就琢磨怎样找机会将这事告诉楚庄王。过了一段时间，楚庄王在宫里招待文武大臣，让优孟演出个节目，为大家助兴。优孟想：这正是劝谏楚庄王的好机会。一会儿，宫中戏台拉开，台上出现了扮演的楚庄王，只见他无精打采、悲悲戚戚地说："孙叔敖呵，你至死不忘国家，真是我的好帮手啊！"台下的楚庄王也随之流下了思念的泪水。这时，台上扮演的楚庄王又说："孙叔敖啊，我太思念你了，能让我见一面吗？"随着喊声，扮演的孙叔敖从后台走了出来。台下的楚庄王惊呆了："难道孙叔敖真的还活着吗？"他赶紧擦了擦泪眼，跑上台去，拉着扮演的孙叔敖不住地说："你可想死我了，你不要再走了。"这时，扮演孙叔敖的优孟说话了："大王，我不是孙叔敖，是优孟。"楚庄王问道："那你为什么要演孙叔敖?”优孟就唱了一段曲子，婉转地道出了孙安的困境。

楚庄王听了，不胜惭愧，忙派人去接孙安。孙安衣衫破旧，脚穿草鞋立在楚庄王面前，楚庄王见孙安穷困如此，难过地说：“我封你一座城吧？”孙安说：“父亲嘱咐过，不能接受这样重的封赏。如果可以，请大王把寝丘那块地封给我吧。”楚王说：“那是块没人要的薄地呀！怎么能给你呢？”孙安说：“这是父亲的遗愿，父亲一生节俭清廉，我怎能违背呢？”楚庄王叹息道：“你父亲真是一个公而忘私的清官呀，我只能成全你父亲的遗愿，让他的清廉永存于世吧。”

身居高官而清廉至此，这真是难能可贵啊。

君子寡欲，则不役于物

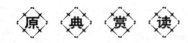

【原文】

君子寡欲，则不役于物，可以直道而行。小人寡欲，则能谨身节用，远罪丰家。

——北宋·司马光《温国文正司马公文集》

【译文】

君子减少欲望，就能不受物质的奴役直道前行。小人减少欲望，就能使自身谨慎、节约费用，远离犯罪和让家庭富足。

家范箴言

一味沉迷于物质享受，人就会变成物质的奴隶。只有压下贪欲，才能站在物质之上独立为人，才能保持一种人间最宝贵的直道而行的自由精神。平民选择奢华，不仅会荡尽已有的艰辛积累，而且会把豪宅变成牢笼。当权者听任贪欲膨胀，不仅把魔爪伸向公权，而且还会出卖国家。司马光提出的关于贪欲者"居官必贿，居乡必盗"的论断，作为当今的人应引以为鉴。

"贪泉"誓言

在广州城区西北 30 里，有一处奇景，叫作"石门返照"。这里是小北江和流溪河的汇合处，两岸石壁夹着一江波涛，景色十分壮丽。从这里再往下游走上不远，又有一处古迹，叫作"贪泉"。传说，古时候这里有一汪泉水，看上去清澈可爱，可是只要谁喝上一口，就会变得贪得无厌，最终受到惩罚。

就在这"贪泉"边上，曾发生过一个立誓不贪，说到做到的小故事。

1600 多年前的某一天，晋朝的新任广州刺史吴隐之正在赶往广州赴任的途中。这天他来到广州郊外的石门，眼见天色不早，就打算在此留宿一夜，明日再进广州城。吴隐之一路上轻装简从，只有几个亲信家人护送着家眷一同前来。所以，他们走在小镇街上，丝毫也没引起别人的注意，谁也不知道这位身穿普通布衣的中年人就是新来的刺史大人。

吴隐之在街上选了一处不起眼的小客栈，招呼家眷住下。他刚坐下想喝口茶，一个老家人进来禀告说："大人，我看了看这里的客店，都不太干净，而且有蟑螂。我怕惊着夫人和少爷，您看是不是找个大户人家借住一下？"

吴隐之想了想说："不好，这次我到广州，最要紧的就是厉行廉政，戒除官吏贪暴的现象。如果借宿于人家，必然会打扰百姓。此外，我现在还不想暴露身份，借这机会可以查访一下民情，你先找人好好打扫一下房间，夫人和少爷那里，我去对他们讲。"

第二天，吴隐之还没起身，就听到门外有人吵嚷。他把家人叫进来一问，才知道昨天有人在外面认出了他，现在当地的官吏和财主们都跑来给他送礼。家人对他们说这里没有什么刺史大人，可是他们不信，一个个放下礼物就走了。

吴隐之想起在京城临行前，朋友们告诉他，广州是个极富庶的地方，所以广州刺史从来就是个人人羡慕的肥缺，前几任刺史任满回京时，没有一个不是发了大财的。

想到这儿，吴隐之穿好衣服，走出屋来，把那些礼物看了一遍，略略沉思一会，忽然叫来家人问："听说这里有一个'贪泉'，是否属实？"

家人回答说有，就在离此不远的地方。

"好，你先把这些礼物清点一下，然后按照名字，把送礼的人一一找来，要他们陪我去逛一逛'贪泉'。既然他们认出了我，我就从今日开始正式上任了。"

那些送礼的人一听说刺史大人叫他们去，个个都乐颠颠地跑来了。他们以为这必定是送的礼物起了作用，刺史大人很赏识他们，将来断不了要有好事等着他们哩!

一见到吴隐之，这些人嘴上就跟抹了蜜似的，一个劲地拍马屁。这个说刺史大人微服上任，不搞排场，真有古代圣贤的风范；那个又说早就知道吴大人德高望重，才学、人品俱佳，这次来广州上任真是本地人的福分……吴隐之不动声色地听了一会儿，就挥手打断他们的话，让他们带路去看"贪泉"。

来到"贪泉"边上，只见这里四周有苍翠的树木环抱，泉水清澈见底，景致十分幽静。吴隐之感慨地说："没想到，这样清幽美好的地方，竟然暗藏着贪婪的欲望!"

旁边的人赶紧随声附和："是呀，别看这水清澈可爱，可一沾口唇，就会发起贪病。据说前代有一任地方官，一向清廉正直出了名，可惜在这里误饮了泉水，就变得贪得无厌，最后被人告发，死在狱中。"

吴隐之看了看众人，问道："你们哪一位曾尝过这泉水的味道？"

"没有，没有，我们哪里敢喝，喝了这水，不就成了贪官污吏了吗？"

"噢，真是如此吗？今日本官倒是有心要尝尝这水的味道呢!"

"大人真会开玩笑，哈哈，大人真会开玩笑!"

吴隐之不再理他们，向家人要过水碗，径自走到泉边，舀起一碗清泉，一饮而尽。众人一下子都傻眼了，不知该说什么才好。吴隐之看着他们那副发呆的样子，开心地大笑起来。他又叫家人拿来笔墨，当场在泉边的石壁上题了首诗：

第四章 克勤克俭：自律正己做表率

古人云此水，一歃怀千金。

试使夷齐饮，终当不易心。

这首诗的大意是：古人都说这泉水一沾嘴，人就会贪恋金钱，可如果是让伯夷和叔齐来喝这泉水，他们也不会改变自己清廉高尚的心灵。

写完，吴隐之扔下笔，转过身来对那帮送礼的人说："我来这里以前，就听说在广州做官没有不收贿赂的。那时我就对天发过誓，我吴隐之定要改变这个风气，今天，我在此饮了'贪泉'，你们各位，还有广州所有军民百姓都可监督我，如果我收取一分一毫财物，人人都可以上书揭发！"顿了一下，他又说："你们把送来的礼物各自领回。明日都要到刺史衙门来登记姓名，今后我如果发现你们哪个再敢送礼受贿，可别怪我不客气！"

那些送礼的人吓得大气都不敢出，额头上直冒冷汗，一个个拿着礼物，灰溜溜地回去了。

这以后的几年里，吴隐之果然说到做到。他不留情面地惩办了一些贪官污吏，制定了各项严格的法令条文，督促各级官吏执行。与此同时，他对自己和家眷们的要求更严。每天，他只以青菜、干鱼下饭，家里用的物品也全由自己的俸禄购置，不允许挪用任何公款办私事。所有官府中经手的财物，无一例外地都收入公库，私人不准贪占一点便宜。

这一来，广州的风气为之一变，官场中再没有人敢营私舞弊了。人们敬佩吴隐之的为人，都赞扬他是说到做到、诚实守信的清官。

学会约己正身

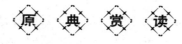
原 典 赏 读

【原文】

上不节心，则下多逸志；莫若约己正身，则民不言而化矣。

——宋·刘清之《戒子通录》

【译文】

在上者如果不节制自己的贪欲，在下者的行为就会更加放纵。不如严格约束自己，端正自身形象，使百姓无须聆听说教，也能自然得到教化。

家范箴言

手中握有权力，当然比一般人有着更大的支配力，有着更大的威严和自由。当权者如果这样想，权力就会在他手中变成一件人间凶器。殊不知，权力在自己的手中，还是一道专门照射自己的强烈灯光，它把当权者的身影清晰地放大在公众的视野中，并使之在众目睽睽之下发生上行下效的效应。这个巨大身影的一举一动都在对社会实施着不言之教。负责任的当权者应该借助权力的强光，把自己的行为举止塑造为天下的表率。

家风故事

法不畏权

东汉末年，在许昌住着一位名叫曹洪的人，他是丞相曹操的堂弟，曾追随曹操南征北战多年，出生入死，屡建奇功。曹操当权后，曹洪建府在许昌。由于他战功显赫，朝廷封他为大将军，掌管兵权，所以在许昌地区也是个有权有势的人物。曹洪的家人常倚仗他的权势，欺压百姓，抢夺民女，无恶不作。百姓们告到县官那里，县官也怕得罪曹洪而掉了乌纱帽，一直不敢拿他们治罪。曹洪的家人一看县令怕他们，对他们的行为不问不管，更是变本加厉。因此，许昌的百姓常年生活在水深火热之中，有苦无处诉，有冤无处申。许多百姓背井离乡，四处流浪。

面对许昌这种情况，曹操任命一个名叫满宠的人到许昌任知县，以扭转许昌的局面。满宠上任后，办事公正，不畏强暴，执法严明，敢为百姓说话。百姓看在眼里，喜在心里，他们说这下我们有申冤的地方了，便纷纷向他告发曹洪家人的恶行，状子像雪片一样飞来。经过满宠的仔细调查、核实，发现有一个深受曹洪宠爱的门客，作恶多端。满宠决定首先拿这个门客开刀，也好吓吓另外的家奴。于是，他下令将那个作恶多端的门客抓了起来。

第四章 克勤克俭：自律正己做表率

曹洪得知自己宠爱的门客被新来的县令抓去，很是生气，他想："我堂兄怎么派这么个县令来，不知好歹。你也不想想你是怎么当上县令的，没有我堂兄，你哪有今天？你一上任不报恩就算了，怎么抓起我的门客来了？不知他是故意和我作对，还是他不了解这个门客的背景。不管怎样，我先写封信告诉他，以免到时候他说不知道。"想到这里，他写了一封信，派一家奴送去给满宠。曹洪在信上告诉满宠，自己是曹操的堂弟，又是大将军，满宠抓的这个门客是他最信得过的心腹之人，要满宠给他个面子，把那人放了。

满宠接到曹洪大将军的求情信，拆开一看，非常气愤，心想："这哪是一封求情信，分明是一封威胁我的信。信上又是丞相曹操，又是大将军，拿大官压人。你身为大将军，不好好管教家奴，却放纵门客犯罪，百姓早就有意见了。现在我抓了你的门客，你竟然凭借权势，出面讲情，包庇罪犯，真是岂有此理！"他越想越气："我身为许昌父母官，理当为许昌百姓除害，决不能向权势低头。即使得罪了你们这些大官，不让我当这个县令，我也要维护国家的法律。"想到这里，满宠将信扔在一边，不予理睬，继续审理案卷。

曹洪在满宠那里碰了钉子，对满宠大为不满。当天，便气鼓鼓地来到曹操那里，告了满宠一状。他对曹操说："满宠自从到许昌做了县令，就以为自己了不起了，根本不把我们这些人放在眼里。他到许昌不久，就抓了我的心腹门客，我找他放人，他却说抓个大将军的门客算什么，就是曹丞相的门客犯了法，我也一样敢抓。其实我的门客也没做什么，请堂兄跟他说说，要他放人算了。"

曹操听了曹洪的诉说，因不明底细，心中大恼，感到满宠也太狂妄自大了，心想："我曹操当初提你为知县，是因为你办事公正，哪知你刚当上知县，就抓了曹洪的门客，也太不给我面子了。"于是便下令把满宠找来了解情况，如的确像曹洪所说他的门客没干什么坏事，就请满宠通融一下，把人放了算了。

这时，许昌知县府内，满宠经过反复审讯、调查，已把那门客的罪行全部查实，并且依照国家的法律规定判了他的死刑。

满宠正准备将那门客的案卷整理好后上报丞相，得知丞相曹操找他，他马上想到："这一定是为这个门客的案子，肯定是曹洪在我这里碰了钉子后，跑到丞相那里告了我的状。也好，我就将整理好的案卷带给丞相看，当着丞相的面，将这门客的罪状一一说给丞相听，并将曹洪大将军如何放纵门客，包庇门客的事也一一说给丞相听。"想到这里，他拿上案卷，准备赶往相府。走到县府门口，他又停住了，心想："曹洪毕竟是丞相的堂弟，我一个外人，万一丞相听了曹洪的一面之词，已答应曹洪赦免那个门客的话，即使是证据确凿，也无济于事。丞相是一人之下，万人之上，他说的话是更改不得的，到那时，事情就难办了。怎么办？"满宠思考着："我抓了这个门客后，干脆跟他来个快刀斩乱麻，速战速决，在曹洪到丞相那里告状前，将其门客斩首，来个先斩后奏。到那时，即使曹洪告到丞相那里，丞相发怒，革我的职，杀我的头，我也为许昌百姓除了一大害，我也无愧于许昌百姓对我的期望。对，我先将这个罪大恶极的门客斩了后，再去面见丞相。"

于是，满宠当机立断，急令手下，将那门客押上刑场，执行死刑。

满宠杀了这个门客后，出了布告，看到许昌百姓们兴高采烈，奔走相告的情景时，不禁欣慰地笑了，然后，他神情坦然地带着案卷到丞相府去见曹操。

曹操见满宠久召不到，却来了个先斩后奏，十分恼怒，现在见满宠拿着案卷来见他，满肚子的怒气一下子发作了，他说："你眼里还有我这个丞相吗？我召你来，你不来，却来了个先斩后奏，你知不知道你这样做犯了什么罪？"满宠回答道："我知道我犯了什么罪，我只希望丞相冷静下来，好好看看案卷，看完后，如果你认为我做错了，要免，要杀，还不是丞相一句话。"

曹操觉得他说得也有道理，便克制着自己的怒气，仔细地审阅了满宠送上来的案卷材料。当他看完案卷材料后，觉得案情清楚，罪证确凿，判决有根有据，不禁转怒为喜，他高兴地说："满宠，你做得对。你顶住了压力，秉公执法，做得对，做得好！你执法不看人，不留情，好，很好！看来我没有用错人啊。"

接着，曹操转过身来，对站在一旁正在生气的曹洪说："兄弟，我看了案卷后，根据法律，你那个门客的确是犯了死罪，你也不要生气了，满宠秉公执法，绝不是有意跟你作对。当官的如果都是只看上面的脸色行事，法律就是一张废纸，还有谁为百姓说话呢？你说是不是，兄弟？我看这事满宠做得对。以后，你应该多管管你那些家奴、门客，再也不要让他们在外面欺压百姓，胡作非为了。"

曹洪听曹操这样说，也无可奈何，只得怏怏地走了。

人生苦短，莫悲白头

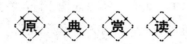

【原文】

人见白头嗔，我见白头喜。多少少年亡，不到白头死。

——《增广贤文》

【译文】

别人发觉自己生了白头发就生气，我见到自己生了白头发却很高兴。世界上有许多人年纪轻轻就死了，他们没有等到头发白就离开了人世。

家范箴言

人生苦短，上天赐予人类的时间不过短短几十个春秋，岁月常常在人们还未做好准备时，便毫无预警地爬上大家的头顶，肆意地招摇着年华的老去。从两鬓斑白到满头银丝，人们的心态也跟随着身体的变化逐渐衰老、低落，生命走到尽头的恐惧时刻啃食着人们的脑神经，生活也因此变得黯淡。其实，大可不必如此，人只要保持乐观的情绪，生活中依然阳光灿烂。作为一种自然的现象，身体的衰老虽然无法抗拒，人们的心态却可以不受自然规律的左右。想想那些未及白头便英年早逝的人，能够白头而亡是应该感到庆幸的。满头华发正说明了老天对自己的眷顾，并不是每个人都能拥有寿终正寝的幸运。就像不同的季节有不同的韵味，人生只有每一阶段都经历过才算完整。

更何况，最美不过夕阳红，人通常在上了一定年纪之后，智慧和见解才会日臻成熟，做人做事各方面也才更显稳重老练，不像年少时似懂非懂、易凭一时血气之勇。"老骥伏枥，志在千里"，只要拥有不老的灵魂，同样可以烈士暮年收获属于自己的辉煌。

家风故事

惜时的洪亮吉

洪亮吉是清代有名的地理学家。他为了研究地理，走遍了祖国的山山水水，积累了大量资料，写下了许多诗歌、游记，表达了对祖国山河的热爱之情。

洪亮吉从小聪颖过人，邻居都夸他勤学好问。4岁时父亲开始教他识字，他把识字当成玩游戏，无论走到哪里，只要看到认识的字，就欢天喜地地告诉父亲，今天他又见到什么字了。父亲看他如此好学，5岁时送他到私塾读书，洪亮吉在同学中年龄最小，但学习认真、勤奋。一天，先生讲完课，让同学们自己写作业，不会的问题可相互讨论。很多同学趁此工夫讲述自己的见闻，把先生的话当成了耳旁风，他们交头接耳，聊得眉飞色舞，只有洪亮吉在认真地写作业，旁边的同学故意和他讲话，他跟没听见一样，仍然低头一笔一画地写，同学见洪亮吉不理他，没趣地也开始写作业了。洪亮吉从不浪费时间，总是争分夺秒地读书。因此，他的成绩总是遥遥领先。一次，同学们都在玩，看到洪亮吉又在读书，几个淘气包就想同他逗逗，不让他再读书了，于是就在他的后背上放了许多小玩意儿，他只顾读书，丝毫没有发觉。一个同学又往他的耳朵上贴小纸条，他觉得痒痒，挠了两下，继续低头读书。过了好长一段时间，他站起来，只听哗啦一声，背上的东西掉了一地，同学们哈哈大笑，洪亮吉丈二和尚摸不着头脑，这时他才感到同学们在跟他恶作剧。他摇了摇头，活动了一下，又坐下继续读书了，同学们看他这样珍惜读书时间，就再也不同他开玩笑了。

洪亮吉每天都要把先生留的功课温习一遍，还要预习第二天的功课，才肯去睡。先生无论什么时候抽查功课，洪亮吉都能倒背如流，同学们都很佩服他。

6岁那年父亲去世了，母亲只好带着他回到外祖父的家，家里人认为他是外姓人，都不把他们母子放在眼里。母亲常常边织布，边给他讲古人勤奋读书的故事，小亮吉常想："我一定要像他们一样，刻苦读书。"他的汗水没有白流，学业有了突飞猛进的提高，私塾先生已经教不了他了，他只好到几十里外的一所私塾去继续求学。

洪亮吉告别相依为命的母亲，背上简单的行囊，来到新的环境。这所私塾设在一座破庙里，同学都是这庙附近的乡里人，只有他一人是外乡的。白天大家在这里读书，晚上同学都各自回家了，庙里只有他一人，显得空旷阴森，每当这时他就想起母亲，如果母亲在身边多好呀！但这是不可能的。现在衣食住行都得自己料理，他从院里捡来石块，在小屋里垒了一个灶台，找来一块门板当作床，开始了自己的生活。他吃饭很简单，所有的时间都用来读书。他知道母亲送他到这样的私塾读书是很不容易的，为了节省灯油钱，他晚上看书时，就利用香案上的长明灯。夏天，蚊虫绕着长明灯不停地盘旋，他依旧在灯下专心致志地读书；冬天，庙里很冷，他坐在香案上读书，风吹得灯来回摇曳，一会儿灯影变长，一会儿变短，像鬼影一样，很吓人，房梁上的老鼠啃着木柱吱吱地响，让人听了十分胆寒，而洪亮吉此时全身心地投入书中，他对眼前的一切如同没看到一样。书中的每一个句子，每一个精彩段落，都紧紧地抓住他的心，他心里充满了光明和知识的力量。他读书经常不知不觉就到天明，因此他的成绩在班中总是名列第一，先生很赏识他，借给他许多书，还给他进行单独讲解。

洪亮吉读遍了先生所有的藏书，知识面越来越宽，他需要读的书也越来越多，同学们知道他爱读书，都把书借给他，他从不耽误还书的时间。他还把一些精彩的部分抄下来，反复诵读，直到熟背为止。经过努力，他做了官，游历了许多地方，所到之处还不忘收集当地的地理资料，进行研究，写下大量的游记和诗歌，成为著名的地理学家。

洪亮吉的成功，归功于他的惜时好学。他从未把读书当成一个苦差事，而是把每一分每一秒都用来学习，刻苦的学习，换来的是他的成功。

时间即生命。我们的生命在一分一秒地消耗着，平常不大觉得，细想起来实在值得警惕。我们每天有许多的零碎时间于不知不觉中浪费掉了，如果能一遇空闲，无论多么短暂，都利用它做一点有益身心的事，这样积少成多，终必有成。

真心实作，无不可图之功

【原文】

真心实作，无不可图之功。

——明·吴麟徵《家诫要言》

【译文】

只要诚心实意踏实做事，就没有什么做不到的事情。

家范箴言

真心实干，是每一个成功人士所具有的品格，也是人们在通注成功的道路上所要经受的重要考验。真心是迈出成功的第一步。只有有了真心，才会激励自己进一步前行，从而树立志向，坚定意志，认认真真地做事，抵御外界的一切诱惑。实干也是取得成功的重要因素。这个过程是艰难的，需要付出大量的努力与心血，克服许多的困难与挫折，但同时在实干的过程中，我们也更加坚定意志和信念，收获宝贵的经验，使自己不断成长。"空谈误国，实干兴邦"，这是根据几千年来的历史教训总结出来的治国理论，明确指出了实干的重要性。做事情虚情假意不可取，只凭嘴上功夫而不付诸实际行动也会为人所不齿，所以我们做事一定要求真务实，踏踏实实，一步一个脚印前行，切勿弄虚作假，只说不干。

家 风 故 事

周恩来聆听人民的呼声

　　周恩来同志尽心尽力为人民服务，他敢于正视现实，真实地反映了广大人民群众的意愿。他无私无畏、实事求是的高尚品德，一直被人们所敬仰。

　　从 1958 年开始，在我国刮起一股共产风和浮夸风。当时，社会上那种小资产阶级的狂热和对共产主义的盲目追求，蒙蔽了人们的视线，党内也被"左"的烟雾所笼罩。到了 1960 年，由于工作的失误，加上严重的自然灾害，劳动人民生产积极性受到挫伤，经济形势急转直下，尤其粮油蔬菜等食品严重不足，人民生活处在困难时期。面临这种情况，周恩来同志深入农村社队，深入人民群众，实事求是，调查研究，看清了当时我国经济建设工作，特别是农村工作中存在的主要问题。他明确提出只有"实现多劳多得的原则，才能提高群众的积极性"。在搞全民大办集体食堂问题上，他提出"绝大多数甚至于全体社员，包括妇女和单身汉在内，都愿意回家做饭"，并提出"目前最主要的问题是恢复社员的体力和恢复畜力问题"。他还向党中央提出"解散农村集体食堂，恢复各户立灶就餐"的建议。当时，在人们盲目高呼"三面红旗万岁"，"集体食堂是共产主义的新生事物"，"继续反击右倾机会主义分子向党猖狂进攻"的形势下，周恩来同志敢于正视现实，聆听人民的呼声，反映人民的意志和愿望，充分体现了他的无私无畏、实事求是的高尚品质。

　　在党中央的正确领导下，在周恩来同志实事求是的精神鼓舞下，经过全党努力，很快克服和纠正了在"大跃进"和人民公社化运动中发生的共产风、浮夸风、干部特殊风和对生产瞎指挥风，经济形势迅速得到恢复和好转，人民群众生活很快有了改善。从当年走过来的人，回首往事，无不称颂周恩来同志是我党实事求是的楷模。

聂荣臻不轻易怀疑人

聂荣臻同志对工作认真负责，尤其对人的处理，主张不轻易怀疑人，坚持实事求是按政策办事。在红军时期，流传着一个聂荣臻实事求是为革命事业爱护知识分子的美德故事。

当时，由于国民党反动派对红军的围攻，军队中出现了许多伤病员。有一次，一位知识分子出身的军医给伤员治病后，一些伤员出现了神经错乱。大家都感到很奇怪，便查问医生。医生却说，对症下药，没有什么问题。后经查实，原因是军医用错了药。于是，有些战士就对这位医生产生了怀疑，立即对医生进行追查。这位医生一时解释不清楚，非常紧张。大家见此情形，就认为他是敌人派来的奸细，把他抓了起来，并要求将他处决。

聂荣臻同志听说此事后，立刻下令制止下属的盲目行为。他教育干部、战士们说："当前革命形势紧迫，情况复杂，既不能轻信一个人，也不要轻易怀疑一个人，更不能在没有调查清楚之前，就肯定人家是奸细，将人处决。这样做对革命事业是有害的。"他还说："在我们革命队伍中，懂科学、懂技术的人太少，应该爱护他们，做好思想教育工作，查清事实，决不能冤枉好人。"经过仔细调查，终于找到事情的真正原因。原来，红军医用的大批药品都是从国民党手里收缴来的。在缴获时，药品的标签很多都贴错了。这就使军医在用药上出现了误用的差错。

这件事不仅挽救了那位军医，更使红军的广大干部战士都受到了深刻的教育，使他们懂得了应该实事求是地对待革命队伍中的知识分子，要信任他们，而不应该因一时的差错，就把他们当成坏人进行打击，应该把他们当成自己的同志，使他们为革命事业多做贡献。

113

第四章

克勤克俭：自律正己做表率

凡事要有规矩

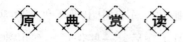

【原文】

立身作家读书，俱要有绳墨规矩，循之则终身可无悔尤。我以善病，少壮懒惰，一旦当事寄，虽方寸湛如，而展拓无具，只坐空疏卤莽，秀才时不得力耳。

——明·吴麟徵《家诫要言》

【译文】

立身处世，治家读书，都要有规矩，遵循规矩法度则一生可以免去后悔和怨恨。我因为体弱多病，年轻时就懒散，一旦担当事任，虽然心中明亮但还是难以开拓事业，主要因为空疏鲁莽，这都是做秀才时未下苦功的缘故。

家范箴言

所谓规矩，也就是用来规范我们行为的规则，它保证了良好的秩序，是各项事业成功的重要保证。孟子说不以规矩，不能成方圆，说的也是这个道理。它告诫子孙，立身处世、治家、读书一定要遵循规矩法度，否则就会一生空疏鲁莽，无法担当大任，只能懊悔终生。

家风故事

腹䵍依法斩独子

战国时代，秦国有位墨家学派的著名大师腹䵍，他学识渊博，为人忠直，奉公守法廉正俭约，很受国人的尊敬。不过，腹粹的独生儿子却很不争气，他整日游手好闲，不务正业，与一些纨绔子弟结帮成伙，常常惹是生非，违法乱纪。为此，腹粹日夜担心，但那个年轻人却屡教不改。终于，悲剧发生了。

有一天，这个不争气的儿子因为一点小事与别人发生口角，争辩中他抢起拳头，拳打脚踢，最后打死了对方。这件人命案很快轰动了都城，主管秦国司法的最高长官司寇也知道了这件事。依照法律要杀人偿命，腹粹的儿子就要被处以死刑。可是司寇向来与腹粹关系密切，交情很深，他想："腹粹年事已高，这是他唯一的儿子，如果依法执行，腹粹家就会绝后，这是很残酷的现实。可是，如果不去问罪，满城风雨，民愤沸腾，国法难容。作为全国最高的司法长官，如果对这么严重的杀人大案不闻不问，就是故意失职，徇私枉法。怎么办呢？"他思前想后总觉得左右为难。最后，司寇终于想出了一个两全其美的办法，既可以保住腹粹儿子的性命，又不至于使自己受内心折磨，更不会落个庇护杀人犯的罪名。他想："如果把这件事呈到秦惠王那里，必会求得秦惠王的赦免。"于是，司寇把这件事的前因后果详细报告了秦惠王，并对秦惠王说："腹粹就这么一个儿子，如果杀人偿命，那么为您操劳了一辈子的老臣就会暮年丧子，这不是太可怜了吗？"刚听完这件事，秦惠王也感到很气愤，但听司寇这么一说，想到腹粹廉洁一生，如今年龄这么大了，失去这根独苗，实在是太残忍了。于是便下了一道旨令，让司寇免腹粹儿子一死。腹粹自从知道儿子打死人以后，心情非常沉重。一方面，他恨这个不成器的儿子无故杀人，终于引来了杀身之祸；另一方面，也为自己身为大夫而没能教育管束好儿子而深感内疚。有时，一想到自己的独养儿子将被送上刑场，也不免从心底里感到悲痛。亲戚朋友听说了这件事，纷纷来说情，有的说让腹粹去找秦惠王求情，让他赦免孩子；有的劝腹粹找司寇通融，让他从轻发落。可腹粹婉言谢绝了众人的好意，他对来劝说的人说："杀人偿命这是秦国的法律，这孩子不学好，触犯了法律，理应受处置。我怎能徇私枉法呢？"腹粹横下一条心，就是不去通融求情，只等着孩子受到正法。可是，等了好几天，依然没什么动静，腹粹正纳闷，有人告诉他："秦惠王看你年迈，只有一个儿子，已经下令赦免了他。"听了这话，腹粹不仅心里没有轻松，反而更沉重了，于是，马上进宫进见秦惠王。腹粹对秦惠王说："我那不成器的儿子这次无故打死人，罪不容赦。儿子犯罪也是我管教不严造成的，怎么能对两个都应惩罚的人如此宽容呢？"秦惠王一向佩服腹䵍的自律和为人，听了这话笑着说："你儿子是犯了重罪，理应严惩，但我念及你只有这么一个儿子，你年纪又这么大，所以我让司寇免你儿子一死，由你好好管教他算了。"腹䵍对秦惠王恳切地说："臣的逆子无故杀人，不应宽待。杀人偿命，这是法律的规定，大王虽然特别照顾我们父子，但我们不能违背法律，否则以后别人再犯了同样的罪怎么办呢？""那么你忍心让独生子受极刑吗？"秦惠王又问道。腹䵍流着泪说："我怎能不心疼自己的孩子？但我爱他是让他走正路，为国效力，绝不是让他胡作非为。他犯了死罪，做父亲的是不能枉法袒护的。"在腹䵍的一再坚持下，秦惠王终于撤销了赦免令，又重新下了一道命令，把腹䵍的儿子处斩了。

廉正护法有时需要非凡的勇气，腹䵍为廉灭亲的行为是一般人难以做到的，所以一直受到后人的称颂。

才能知耻，即是上进

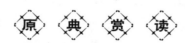

【原文】

才能知耻，即是上进。

——明·吴麟徵《家诫要言》

【译文】

如果能够知道羞耻和荣辱，就是有了上进之心。

家范箴言

知耻是良知的起源，道德责任感只有基于知耻才能产生；知耻是正气的基石，是人们避恶向善、积极向上的内在驱动力。一个人不懂得羞耻，就不会成为有理想、有信念、受人尊敬的人。只有知耻，才能具有正确的荣辱观，才能分清什么是善与恶，什么是美与丑，什么是对与错，才能做到"勿以善小而不为，勿以恶小而为之"。知耻体现着人性的尊严，更是一种人生的境界。

家风故事

饿死不吃"嗟来食"

这件事发生在我国历史上的春秋时期。

有一年，齐国发生了特大灾荒，老百姓辛辛苦苦种的地，没有一点收成。家里仅有的一点粮食，不是被官府强行夺走，就是早被吃光了。没有吃的，又要活命，人们只好到处挖野菜填肚子。后来，野菜也被挖完，就吃草根、树皮。

齐国土地上，到处是饿得走不动的人。他们个个瘦得不成人样。过了一段时间后，很多人被饿死了，尸体没人埋，引来很多乌鸦和野狗。

有个叫黔敖的富人，平时非常小气、刻薄，这时候，想乘机做点"善事"，得个好名声。他就假仁假义地在大道旁摆了个粥摊，把他家里存放了好几年的陈年谷子拿出来熬成清水照人影的稀粥，等饥饿的人来乞讨时，就给盛上那么一点点。

黔敖的摊子摆了几天，也有人向他讨要稀粥。黔敖自己穿戴得里外崭新，吃得白白胖胖，很讨厌衣衫破烂勉强遮羞的穷人。他离开摊子一点站着，看着他雇的人给穷人们施舍，脸上显出轻蔑的神情，那意思是说：哼，你们这些穷鬼，要不是喝我的粥，还不早就成饿死鬼了！

这天，黔敖仍旧站在那里，时不时吆喝几声，这时远远地看见有个人东倒西歪地走过来。那个人拖着破鞋，用袖子遮着脸。显然，这是因为他好几天没有吃东西，饿得昏沉沉了，却又不愿意让人看出他的饿相。

黔敖暗暗高兴，心想："看你饿的那个样子，我给你粥喝，你得给我磕头谢恩！"没等那人走近，他就左手拿着点食物，右手端着粥碗，傲慢地高声吆喝着："喂！过来，吃！保你吃个饱！"

第四章 克勤克俭：自律正己做表率

仪

修身齐家行天下

118

黔敖满以为那个饿得趔趔趄趄的人一定会喜出望外地走过来，狼吞虎咽地把这点食物吃个精光，而且会对他千恩万谢。

哪知道事情完全出乎他的意料之外。那个饿极了的人甩下袖子，扬起眉毛，狠狠地朝他瞪了一眼，冷冷地回答说："装什么神气!我就是因为不吃这种'嗟来之食'，才饿到这种地步的。哼，别给我来这一套猫哭耗子假慈悲的把戏!"黔敖看清楚这个人原来是个年轻人，虽然饿得面黄肌瘦，两眼却非常有神。刚才年轻人圆睁着眼，那目光似乎把黔敖的五脏六腑都看穿了。

年轻人说着，瞧都不瞧一下冒着热气的粥锅，照直往前走去。

黔敖在众人面前，拿着食物，有点下不了台。他望着年轻人远去的背影愣了一会儿，才忙着紧走几步追上去，向年轻人连声道歉，说自己刚才确实有点无礼，请求年轻人把那碗粥喝掉。

那年轻人头也不抬，话也不说，只是摆摆手，让黔敖走开。看来，他是个有骨气的人，最后，那个年轻人真的饿死了。

这个故事流传了下来。富人黔敖当时对年轻人说的原话是：嗟!来食!"嗟"是呼喊的声音，相当于"喂"，"来食"就是"来吃"。由这句话产生了"嗟来之食"这个成语，意思是指带有侮辱性的施舍或者给予。

但是，那个无名的饥民，宁愿饿死，也不吃富人不怀好意递过来的食物，这种行为更是永远被人们牢记，千古传扬。

鸟必择木而栖

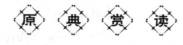

【原文】

鸟必择木而栖，附托非人者，必有危身之祸。

——明·吴麟徵《家诫要言》

鸟一定要选择合适的树木栖身，而人如果依托不适当的人，必定会有危及自身的祸患。

家范箴言

谚语说："良禽择木而栖，贤臣择主而侍。"禽鸟选择合适的树木做巢，而不会将巢做在一棵残枯的朽木上，否则就会有巢覆卵破的危险；士人选择理想的明君效力，而不会侍奉一个残暴的昏君，否则就会有身败名裂的后果。这告诉我们，君子应选择适合自己发展的环境，依托高尚的有德之士使自己的聪明才智得到最大程度的发挥。如果明珠暗投，所托非人，最后只能导致理想变质，轻者枉送大好前程，重者甚至断送性命。

家风故事

平定天下谋功高

自古以来，颍川是个人才辈出之地，东汉灵帝时期，那里就有一个不凡少年，从小有远大的抱负和眼光，好读《春秋左氏传》和《战国策》，常在掩卷之余长思天下时局演变，细察当朝大势。他已预见汉朝衰象四伏，气数已尽，亡乱不可避免。于是不与世俗同流合污，只结交少数英俊之士，可谓"精英外交"。因此，他虽不为一般人所知，但圈子内的知名有识之士都非常推崇赏识他，这位不凡少年就是郭嘉。

郭嘉饱读书文，胸有大志，却不像赵括那样纸上谈兵。他渴望遇上一位明主，为其效力献策，托付终身，成名立业，有人知他抱负不凡，就尽力举保他。27岁那年，他被辟为司徒府。他上任后每日勤勉处理公务，效力英雄之梦仍在胸中萦绕，却苦于报效无门。灵、桓二帝昏庸赢弱，不是中兴汉朝的撑天柱石，环顾朝野，多畏缩懦怯之徒，看不见一颗耀眼之星。只有门第高贵四世三公的袁绍力量颇为强大。郭嘉就投奔到袁绍麾下。袁氏对他也十分器重，奉为座上宾。可郭嘉住了两个多月，心中已有不快。他对知心朋友说："袁公虽知礼却不善用人，好谋而无决断，恐难成大业啊!"不久，郭嘉就离开了袁绍。

离开袁绍后，也真凑巧有了个好机遇。有一天，魏王曹操问尚书令荀彧，能否再介绍几个颍川人才来。荀彧推荐了郭嘉。曹操当即召见，与郭嘉纵论天下大事。一个野心勃勃，一个足智多谋，二人谈得十分投机，相见恨晚。曹操私下对人赞叹说："这必是帮助我成大业的人！"郭嘉心中暗暗想道："这才是我要找的贤君！"不久，曹操即任命郭嘉做了司徒祭酒，参与军机大事的决策。

郭嘉决意要施展才华帮助曹操实现帝王之业，可那时曹操羽翼未丰，兵力单薄。势力强大的袁绍盘踞在北方。曹操要统一天下，第一步棋就必须统一北方，他想动手却又惧怕袁绍。郭嘉深知曹操内心，就首先举了汉朝刘邦势弱却打败兵强的项羽做例证，继而分析曹操有十胜，袁绍有十败，从政治、人心、帅策、度量、军情等十个方面进行比较，把双方分析得淋漓透彻，令人信服。曹操雄心大发，信心百倍，决意进军。郭嘉又建议在策略上先打吕布以削弱袁绍的盟友。曹操听取了他的意见，三战大败吕布却未能将其生擒或杀死。曹操见基本达到目的又士兵困乏，便打算退兵，郭嘉却坚决主张急速进攻。果然不到一个月就攻占了下邳，杀了吕布，除掉了一个心头大患。这是郭嘉首次出谋成功，威望骤然升高，此时年仅 28 岁。

200 年，曹操与袁绍决战官渡。袁绍兵多将广五倍于曹操，稍有失误，曹操就有全军覆没之危。而在这生死关头，背后又传来东吴孙策欲乘机偷袭魏都许昌的情报，曹操担心腹背受敌，大臣个个恐惧惊慌，独有郭嘉认为无忧。他说："孙策在江东树敌太多，内部不稳，早晚必有内乱，他到不了许昌。"果然，不久孙策没来得及北上渡江就被人杀死，众人齐夸郭嘉料事如神，对他更敬重了。

官渡一战，曹军偷袭袁军屯粮之地乌巢，大败袁绍，部将建议乘胜追讨袁绍的两个儿子袁谭、袁尚，以绝后患。郭嘉却力排众议，他说："袁氏兄弟本有矛盾，钩心斗角，如果急攻他们就会一致对外，不如缓一缓让他们自相争斗。"不出所料，曹操一退，袁家兄弟就为争夺冀州大动干戈，袁谭吃了败仗主动来降曹操，袁尚逃到乌丸，这样曹操没费多大气力就一举平定了北方。曹操见事情完全合乎郭嘉的预见，对他的洞察力和谋略更加赞赏不已，说了八个字："平定天下，谋功为高。"

北方的统一使曹操有了巩固的后方，军威大振，君臣商议乘势南征统一中国，不料郭嘉大业未成身先死，年仅 38 岁。曹操悲痛至极，认为损失无人弥补。果然，后来在赤壁之战中，占尽优势的曹军却被孙刘联军打得连连大败，战船烧毁，兵士死伤无数，曹操也差点丧了命，魏国元气大伤。当年官渡之战袁氏的悲剧颠倒过来在此重演。曹操逃脱性命后痛哭："若郭嘉在，我何至如此!"众人无不流泪。

郭嘉生而立志，寻觅明主，为曹操所用，辅佐他统一北方，虽因早逝未能使魏王称帝，可也算是壮志已酬了。

言顾行，行顾言

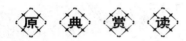

【原文】

言顾行，行顾言，君子胡不慥慥尔!

——《中庸》

【译文】

说话时要先想想能不能做到，做事时也要想想与自己所说的话，是不是一致，君子何不努力笃行实践，做到言行合一呢?

家范箴言

这句话就是在告诫我们要言行一致，即说的和做的完全一样。儒家认为，言行一致是正人君子追求的目标。孔子说"君子耻其言而过其行"，即君子应恪守忠信，言行一致，不允诺则已，否则必采取行动获得令人满意的结果。因为在君子看来，实现不了诺言和言行不符是最为可耻的。

第四章——克勤克俭：自律正己做表率

蔺相如冒死完成重托

　　蔺相如，战国时赵人，原是宦官令缪贤的门客，后被赵王封为上大夫。他不仅是国家的重臣，而且是大智大勇、忠义守信之士。这件事还要从秦昭王想要赵国的和氏璧事件说起。

　　战国时期，赵惠文王得到一块价值连城的和氏璧。秦昭王听说以后，非常想得到这块宝玉，就派使者去见赵王，说秦王情愿让出 15 座城来换取和氏璧，希望赵王答应。其实秦昭王并不是真心要用 15 座城换和氏璧，主要是想借机试探一下赵国对秦国的态度和力量。

　　赵王觉得这件事很棘手，弄不好不仅要丢面子，白白失掉和氏璧，甚至会和秦王翻脸，以致让秦国乘虚而入。赵王十分为难，就和大臣们商量，一时间也没有想出妥善的办法，又找不到合适的人出使秦国办这件事情。这时，宦官令缪贤向赵王推荐自己的门客蔺相如，说他是个有胆有识的人。赵王就把蔺相如召来，商量对策。

　　蔺相如说："秦国强，赵国弱，不答应不行。"

　　赵王说："要是把和氏璧给了秦国，而秦国却不给赵国城，怎么办？"

　　蔺相如说："秦国答应用 15 座城来交换一块璧玉，这个价值已是高出许多倍了。如果我们不答应，别人就会认为赵国理亏了；如果赵国同意把和氏璧送去交换，而秦王却不给赵国 15 座城，那么秦王就理亏了，别人就都会认为错在秦国。请大王考虑这件事的得失。"

　　赵王说："那么就请先生带着和氏璧去秦国一趟吧。可是万一秦王不守信用，怎么办？"

　　蔺相如说："如果秦国把城给了赵国，我就把和氏璧留给秦国，否则，我一定再把这块玉完好地送回赵国来。"

　　于是，蔺相如就带着和氏璧到了秦国，把它献给秦王。秦王得到玉，十分高兴，并把璧递给左右侍女，让大伙儿传着观赏，就是不提换城的事。

　　蔺相如站在殿堂上等了很久，心想："秦王果然有诈！可是璧已经落在他们手里，怎么才能拿回来呢？"他急中生智，上前对秦王说："这块璧虽好，但也有点小毛病，极不容易瞧出来，请让我指给大王看。"秦王信以为真，就吩咐把璧递给蔺相如。

璧一到手，蔺相如立即退到一根大柱子旁边，瞪着眼睛，怒气冲冲地说："大王派使者说情愿用15座城来换这块璧。赵王本不愿交换，但考虑到两国的关系，所以诚心诚意派我把璧送来了。可是，我已看出大王并没有交换的诚意，现在璧在我的手里，大王要是强行夺取，我就宁可让自己的脑袋和这块璧一同碰碎在这柱子上!"说完，好像就要行动似的。

秦王见此情景，连忙向他赔不是，又立即命令拿上地图来说："请先生别误会，我哪能说话不算呢?"并把准备划给赵国的15座城指给蔺相如看。

蔺相如暗想，决不能再上他的当了，就说："赵王派我送璧之前，为了表示诚意，斋戒了5天，还举行了很隆重的送璧仪式。大王如果诚意换璧，也应当斋戒5天，再举行一个接受璧的仪式，到时我再把璧奉上。"

秦王想：反正你是跑不掉的，就同意了。他吩咐人把蔺相如送回馆驿安歇，并派人把他监视起来。蔺相如回到馆驿后，暗中派一个随从，改扮成商人模样，带着和氏璧，偷偷地从小道送回赵国去了。

等到5天后，秦王举行了接受璧的仪式，让蔺相如上朝献璧的时候，蔺相如不慌不忙地向秦王行了礼，义正词严地说道："秦国自秦穆公以来，前后二十几位君主，没有一个是讲信用的。我怕再受欺骗，丢了和氏璧，对不起赵王，所以我早已把璧送回赵国去了。请大王治我的罪吧。"

秦王一听，大发雷霆，气势汹汹地说："是我欺骗了你，还是你欺骗了我?"

蔺相如镇静地说："请大王别发怒，让我把话说完。天下诸侯都知道秦强赵弱，所以只有强国欺压弱国，而绝没有弱国欺负强国的道理。大王要是真心要那块璧，就请先把15座城割让给赵国，然后派使者随我同到赵国取璧，到时候赵国绝不敢不把璧交给秦国。"秦王听蔺相如说得义正词严，又有别国使者在场，不好翻脸，只好说道："不过是为了一块璧罢了，不要为这件事伤了两国的和气。"

结果，秦王只好让他回赵国去了。蔺相如以自己的智慧和勇气，以弱胜强，说到做到，终于完璧归赵，实现了自己对赵王的承诺，完成了出使秦国的使命。

第四章　克勤克俭：自律正己做表率

第五章

书香学范：奋发图强兴学风

书香不绝不仅有可能改变家庭的命运，它还能改变一个人、一个家庭的精神面貌。学习是立业之基，兴国之基。学习者智，学习者胜，学习者生存，学习者发展。兴学风，才能正家风。

少年应立志求学

【原文】

觅句新知律，摊书解满床。

试吟青玉案，莫羡紫罗囊。

暇日从时饮，明年共我长。

应须饱经术，已似爱文章。

十五男儿志，三千弟子行。

曾参与游夏，达者得升堂。

——唐·杜甫《又示宗武》

【译文】

你寻觅佳句作诗，刚刚懂得诗的格律，为此把书摆了一床。

尝试着吟诵古诗名句，但千万不要艳羡佩戴紫罗囊的人。

空暇的日子，可以随从时俗，少量饮上几杯；可现你渐渐长大，明年就和我一样高了，不得为此而耽误了时光。

你应该饱览经书，通晓其中奥妙，你现在似乎有了喜爱文章的好现象。

孔子十五岁时，就立志求学，希望你能像他三千弟子一样德才兼备成为贤良。

曾子、子游、子夏都是通达智慧、才高学富的贤士，已经达到了升堂入室的境界，你应该把他们作为榜样。

家范箴言

杜甫教育宗武，应饱读诗书，立志求学，不得从诗文中沾染不良习气

（"莫羡紫罗囊"），不得随顺时俗，贪杯误事（"从时饮"），要像孔子三千弟子那样才德兼备，要像曾子、子游、子夏那样达到升堂入室的境界。杜甫教育儿子时语气和缓，张弛有度，他既注意到训诫儿子应该做什么（其实暗含指责），又表扬儿子"已似爱文章"，如此让宗武乐于接受，易于反思。这种有鼓励、有表扬的家教方法是值得借鉴的。

家风故事

吾十有五而志于学

公元前551年春天的一个黎明，旭日东升，霞光遍地，在鲁国陬邑(今曲阜) 昌平乡间一所大房子里，一个白白胖胖的婴儿呱呱坠地了。孩子的父亲姓孔名纥，是当地有名的武士，因曾求神赐子于丘尼山，就给孩子取名孔丘，字仲尼。老年得子，孔纥十分开心！

谁知孔仲尼刚长到8岁，年迈的父亲就因病去世，孔家的生活一下子艰难起来。孔子有9个姐姐，还有一个瘸腿哥哥，仅靠母亲颜氏一双手如何养得活这一大群孩子？颜氏只得起五更睡半夜，累得伸不起腰，双手又粗又糙，脸上布满皱纹。生活的担子太重了，可是颜氏还有另一种精神重担，这就是乡邻的歧视，十兄妹在外面常遭人白眼、讥讽，甚至挨打受气，颜氏看在眼里，苦在心头，常暗暗落泪，不得已，举家迁到了曲阜城内。

搬入城内后，孔家生计依旧艰难。单靠母亲劳作，生活是无法维持的，姐弟们就商量着分担责任。十来岁的孔丘十分懂事，到处找事做，为母分忧。有一户人家的一群牛羊要人放牧管理，他自告奋勇地去了，每日一大早把牛羊赶上山，夕阳西下时又把吃得肚皮滚圆的羊群赶回来，十分尽职尽责。他还学过其他技艺，从事过多种职业。

虽然生活如此贫苦，颜氏对子女教育并未放松，她要求子女们读书识字，做一个懂礼教、有学问的人。当时鲁国是周公的封邑，是春秋文化的中心，列国贵族诸侯常到鲁国来"观礼"，因为周室东迁后，周朝典章礼仪在它地已不复存在。孔子自幼就受到西周传统文化礼仪的熏陶，对周礼特别感兴趣，少年时代就知道"陈俎豆，设礼容"。在母亲教导下，孔丘好学不倦，

第五章 书香学范：奋发图强兴学风

127

母亲讲的一段文章或一部书，他一定要背得滚瓜烂熟才行，而且爱动脑筋，提些大人费思考才能回答的问题。艰苦的环境磨炼，使他的意志特别坚强，无论是在牛背上、田地里还是艺业途中，都没有忘记母亲的教诲，总是克服困难，坚持挤时间读书。孔丘越读想得越深，看得越远，越读越懂事。

前536年的一天，孔丘突然走到母亲面前，双膝跪下说道："儿今年15岁了，可知识学得太少，此生定要精通六艺，做个大学问家，今日特明志……"老母听后，热泪盈眶，连忙扶起儿子。从此孔丘更加发奋了，书册上拴竹简的牛皮筋常在翻书时磨断。两年后母亲去世，家境愈益艰难，可是任何困难也休想阻止孔丘求学成才的步伐。

经过十多年的坚韧不拔的刻苦钻研，到30岁时，孔丘对礼、乐、射、御、书、数六艺无一不精，已成为鲁国有名的大学问家了。

有了学问就应该献身社会，造福百姓。孔丘看到各国礼崩乐坏，周朝之制不复存在，他希望恢复西周典章礼制，让人民在周礼中其乐融融地生活。他想通过从政做官的道路来实现克己复礼的愿望。他认为自己是一块美玉，"求善贾而估"，可在仕途上并不得志，直到前501年他50岁时，才被鲁定公委任为中都宰，第二年又当了司空(掌管工程建筑的官吏)，后又任司寇(管刑狱之事)，到55岁时代理过宰相职务。前后共做过5年官，虽职务不低，但因鲁国国君无能，孔丘的抱负无法施展，后愤而辞官离开鲁国，带着他的学生周游列国去了。

大约从20岁起，孔丘便开始从事教育活动。这是他一生中功绩显著的主要方面。他是我国私学的创始人，开办过规模宏大的私学，提出了"有教无类"的主张，就是说，不分贵贱、贫富、地区差别，人人都有受教育的权利。他的学生不仅有鲁国人，还遍及齐、卫、吴、陈、宋、楚、晋等国，甚至秦国青年也不远万里慕名而来，一时间，门庭若市，共有三千人之多。还有父子同来的如颜回和父亲颜由、曾参和父亲曾点。他们来自不同的家庭，有贵族、地主、商人，也有从事生产的和奴隶家庭的，只要有志于学并送孔丘10斤干肉他就收留。大家在这里不分尊卑贫富，平等地学习和生活着。

孔丘常在家中或在大树之下、杏坛之上讲学，他不辞劳苦，诲人不倦。有一次曲阜被乱兵包围，一连7日，粮食断绝，形势危急，他仍照常讲学，"弦歌不绝"，令人十分敬佩。他十分注意教学方法，善于运用启发式，他有一句名言："不愤不启，不悱不发，举一隅不以三隅反，则不复也。"他主张通过诱导和提问，培养学生的学习兴趣和独立思考能力。由于循循善诱，教育有方，三千弟子中精通六艺的贤人有 72 人，不少人成了政治家、外交家，或当了地方官，或从事传学（教书）。他 50 年的教育实践在我国教育史上写下了光辉的篇章。

孔丘在思想上也很有建树，他是人类历史上十大思想家之一，他的思想体系被称为儒家思想，因而他也就是儒家思想的创始人，其核心是"仁"，主张人应当彼此相爱，这也是他做人的最高理想和道德标准。他提出了"己所不欲，勿施于人"，希望人们都能注意自身修养，自觉约束自己，服从社会道德规范，从而达到一个敬老爱幼的大同世界。他的学说集中体现在《论语》一书中，孔丘死后，他的思想影响很大，从汉代开始成为中国 2000 多年来的正统思想，并在东亚南亚及世界各地传播，是中国古代最伟大的思想家。

孔丘一生虽不顺利，但他的追求始终不渝，直到逝世前，仍带着学生周游列国，先后奔走于宋、卫、陈、曹、郑、蔡、齐、楚等国，传播他的学说，推行他的主张。尽管当时的统治者并不理会，师生们"离离若丧家之犬"，但他却不怕碰壁，直至 73 岁去世，一生都没有停止他的追求。

少年读书老不伤

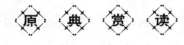

【原文】

余以生平学术百无一成，故老年犹思补救一二。你兄弟总宜在五十以前将应看之书看毕，免致老大伤悔也。

——清·曾国藩《谕纪泽》

【译文】

我常常感到我的一生在学术方面没有取得什么成就，所以在晚年还想做点补救。你们兄弟无论如何应当在 50 岁以前，把应该阅读的书籍读完，以免年纪大了以后而感到悲伤后悔。

家 范 箴 言

曾国藩常常为自己没有一部完整的学术专著问世而感到后悔，所以他告诫其子弟应当抓住有利的学习环境，在青壮年时期打下扎实的基础。曾国藩有如此学识尚这样谦虚，甚至自悔。倘若我们今天还不努力，将来的自己又应该有多么后悔呢？

家 风 故 事

宋濂的乐趣

宋濂是明朝家喻户晓的文学家。宋濂从小聪颖好学，热爱读书，一看书就痴迷。可是他家里很穷，买不起书，怎么办呢？他只好抄书看。在他认识的人中，只要谁家里有书，他就会千方百计地去借，或是求人带他到有书的人家里去借书看。有时人家忙，没时间带他去，他就耐心地守候着，等人家忙完事情，他就央求人家带他去借书。

借到书后，他担心把书弄脏了，用纸把书包了一层又一层，揣在怀里。拿着书就像得到了宝贝似的向家里跑去，到了家他直奔书桌，拿起笔就开始抄书。

有一次，宋濂借到一本他盼望已久的书，便昼夜通读，觉得这本书非常有保存价值，这时夜已很深了，而他一点困意也没有，就拿起笔开始抄书。他整整抄了一夜，忘记了睡觉，抄到精彩之处，还情不自禁地高声朗读起来，读得津津有味，有些章节还能背诵下来。书抄完后，他恭敬地把书还给了主人。主人看他那么快就把书还了回来，关切地问他："这么厚的书你都读过了吗？"

宋濂点点头说："都读过了，书写得太好了，我还工整地抄了一遍呢！"

主人听了夸奖他说："好孩子，有志气。这书我收藏了多年，也没认真地看过！"主人十分喜欢这个爱读书的孩子，对他说："孩子，今后要有新书我还会借给你的。"宋濂听后高兴地说："谢谢！谢谢！"

宋濂爱看书，爱护书，又非常讲信用的品质被大家传颂。有书的人家都愿意借书给他，就这样他读了许多书，开阔了视野，丰富了知识。

他读书有个好习惯，就是边读边思考，经常在读书时给自己提出许多问题，从而考察自己对这本书是否真正读懂了。有时有的问题他怎么琢磨也想不明白，特别希望有人能指导他，便到处打听寻找，人们看他求知若渴，都愿意帮助他。一次，有人告诉他在离他家一百多里外的地方，有一个学识渊博的老先生，他得到这个消息后，一夜都没睡安稳。第二天天刚蒙蒙亮，他冒着刺骨的寒风，踏着厚厚的积雪，翻山越岭，来到老先生家。宋濂看到屋子里挤满了年轻人，都在向老先生求教。老先生银须飘飘，讲课妙趣横生，在方圆几百里都非常有声望。他对每一个学生要求都很严格，一点过错他都不放过，学生十分恭敬他，不敢有一点儿怠慢。宋濂看到老先生这么有学问，打心眼里佩服，每天认真听讲，有不会的问题，就记下来。老先生的脾气有点古怪，好发脾气，有时心烦，见宋濂提问题，就毫不客气地训斥他，但宋濂并不生气，还是虚心地向先生请教学问，尽管先生对待学生非常严厉，他还是学到了不少知识。

宋濂为了向先生学到更多的知识，就住在客店里，客店里的生活费用较高，他就想尽一切办法给家里省钱，由每天的三顿饭改为两顿饭。店里其他学生都是有钱人的子弟，身穿绫罗绸缎，吃的十分讲究。而宋濂穿的是粗布衣，他一点儿不羡慕有钱子弟的生活，一心读书。有时，他们招呼宋濂一起去吃饭、玩耍，宋濂总是婉言谢绝。他心中暗想："这么大好的时光，都荒废在吃喝玩乐上，太可惜了，他们的乐趣是在享受，我的乐趣却是读书。"

宋濂几十年都是这样刻苦学习，不管什么时候，他都坚持读书，从未间断。宋濂终于成为令人瞩目的大学者，主持编写了恢宏的《元史》。

第五章 书香学范：奋发图强兴学风

读书无恒心不成

【原文】

学问之道无穷，而总以有恒为主。兄往年极无恒，近年略好，而犹未纯熟。自七月初一起，至今则无一日间断，每日临帖百字，钞书百字，看书少亦须满二十页，多则不论。……兄日夜悬望，独此"有恒"二字告诸弟，伏愿诸弟刻刻留心。

——清·曾国藩《曾国藩家书·致澄弟温弟沅弟季弟》

【译文】

做学问的路子是没有终止的，而总以"有恒"这两个字为主。我往年在这个问题上最没有恒心，近年以来稍微做得好一些，但还是没有做到极为熟练。自从今年七月初一日起，至今则无一日间断，每天临摹字帖 100 个字，抄书 100 个字，看书至少也做到不下 20 页，多则不限定数目。……我日夜反复思索，觉得只以"有恒"二字相告各位弟弟，殷切希望你们时时刻刻把这"有恒"二字留存于心中。

家范箴言

曾国藩在篇中以自己的切身体会告诉他的各位弟弟，做学问的方法是多种多样的，也是无穷无尽的，但集中起来说却又离不开"有恒"二字。只要有恒，上等才思之人可以成才，中等才思之人亦可以成才。我们都知道恒心可以成大事，可是有几个人能有真正的恒心呢？大多数人不过是一时的愤慨，继而有三日五日的努力，然后就再也见不到"恒"在哪里了。正所谓知易行难，要做到真正的有恒，只能自己约束自己，立长志，定规矩。如果恒心还要他人的督促，就算有了时间也不见得能成功。

家 风 故 事

王羲之苦练书法

东晋的王羲之，是我国古代最著名的书法家之一。他集书法之大成，被称为"书圣"。后人常常以"飘若浮云，矫若惊龙"八个字，来形容他书法笔势的雄健、潇洒。

王羲之出生在山东琅玡一个官员的家庭里，他的父亲王旷也是一个书法爱好者。在父亲的影响下，王羲之从小就对书法有着浓厚的兴趣。

在他四五岁时，有一次过生日，家里人送给他各种各样的生日礼物。看着那么一大堆花花绿绿的礼物，小羲之开心得合不拢嘴。这时，母亲问他："孩子，这么多礼物中，你最喜欢的是什么呀？"

小羲之毫不思索地回答道："当然是爸爸送的笔、墨、砚和书了！"

父亲在旁边听了非常高兴，又故意问他："你为什么最喜欢这些东西呢？"

羲之一本正经地说："我想跟爸爸一样每天练字，写很好看很好看的字。"

"那好，爸爸从今天开始就教你练字！"父亲马上愉快地答应了。所以，王羲之只有四五岁时，就开始跟着爸爸练字了。

王羲之年纪虽小，可是他练字的认真劲儿就是连大人也比不上。夏天到了，房间里闷热得像个蒸笼，跟他差不多大的孩子都跑到河里玩水，或者到树荫下纳凉。而王羲之仍然端坐在书房里写字，浑身大汗淋漓也不休息。直到一天的任务完成了，才允许自己出去玩。到了冬天，北风呼啸，书房里就是生了炉子还是冷得伸不直五指，王羲之咬紧牙关忍受着寒冷，照样坚持不懈地练习。

这样，冬去春来，花开花又落，两三年过去了，王羲之每天洗笔砚的水池里的水都发黑了，而王羲之的字也写得越来越好。7岁的王羲之已经成了

第五章 书香学范：奋发图强兴学风

当地小有名气的小书法家了。

面对着赞扬声，小羲之一点也不沾沾自喜，而是鞭策自己要更加勤奋、更加刻苦。又继续练了四五年，到王羲之12岁那年，他的字显得更加潇洒、老成。可是，由于缺少科学指导，想再进一步显得很困难，王羲之为此十分苦恼。

一天，王羲之到父亲的书房中找书看，无意中瞥见父亲的枕头比一般的枕头要厚好多。他心里觉得好奇，就走过去看个究竟。他把枕头拿过来一摸，中间有块硬硬的东西。王羲之更好奇了，就打开枕头套。结果，在两层枕芯之间发现一个用蓝缎子裹着的小包，再把蓝缎子一层一层打开，原来包在里面的是一本已经发黄了的古书。

王羲之定睛一看，啊，《笔论》！他简直难以相信自己的眼睛，因为《笔论》是中国古代著名的书法书，里面讲的都是关于写字的方法，这样的书正是王羲之梦寐以求的啊！王羲之如获至宝，激动得连拿书的手都颤抖了。

从此以后，每当父亲不在书房的时候，小羲之就悄悄溜进书房，偷偷地阅读《笔论》。时间长了，父亲发现羲之常常在自己书房里进进出出，就问道："你怎么老是悄悄地到我的屋里去呢？"王羲之笑笑，不作回答。父亲更奇怪了。

有一次，父亲故意离开书房一会儿。羲之以为父亲出去了，又同往常一样进来偷偷读《笔论》。不料王羲之正读得起劲，父亲来了。他看见羲之拿着《笔论》在读，故意装作很生气的样子说："你为什么偷我的枕中秘书？"

王羲之有点紧张地看了看父亲，不好意思地笑了。母亲见了，想给他打圆场，从旁插了一句："你是在揣摩用笔的方法吗？"王羲之点了点头。

父亲听了，高兴地对羲之说："孩子，这本书你现在还看不懂。等你长大了，我会教给你的。"说完，父亲就要把书收回去。

王羲之着急了，连忙大声说："不，爸爸！等我长大了再学，那就太晚了。我想早点学，现在就学！"接着，他又要求父亲现在就把书给他，免得他不懂练字方法瞎摸索。父亲听他说得有道理，同时也被他的好学精神所感动，就把书给了他。

王羲之有了这本书，真是如虎添翼。他按照书中所讲的方法练了不满一个月，就有了很显著的进步。同时，他也练得更刻苦了，不但每天都有大半天时间用在写字上，就连吃饭、走路或者与朋友闲谈时，也总是用手指指画画、揣摩用笔的方法，为此还闹出不少笑话呢！

有一次，王羲之同几个朋友在河边散步。恰逢暮春时节，河水温温的，几只大白鹅在河里尽情地嬉戏。它们一会儿抖抖身上的毛、挠挠痒，一会儿拨动着红掌前追后赶。王羲之和朋友们都被眼前的白鹅戏水景象吸引住了。

突然，王羲之灵感顿发，从这些嬉戏的鹅身上悟出了"鹅"字的独笔写法。于是，他就迫不及待地用手指蘸了水在朋友的背上写开了。结果把朋友的衣服弄湿了一大片，朋友还以为王羲之在恶作剧呢！

还有一回，王羲之在书房里练字入了神，连中午饭都忘记吃。书童送来了他最爱吃的蒜泥和馍馍，好几次催他吃饭，他连头都不抬一下，继续挥笔疾书，书童只好把王羲之的夫人请来劝他用餐。

王夫人来到书房，只见王羲之手里拿着一块蘸满墨汁的馍馍往嘴里塞，弄得满嘴乌黑。原来他在吃馍馍时，眼睛看着字，脑子里想着字，因而错将墨汁当蒜泥了。他一面练字一面吃，还直夸今天的蒜泥特别香。

王夫人见状，心里觉得又好气又好笑，就拿了一面镜子走到王羲之面前，说："你好好地照照镜子，我做的蒜泥可真是从古到今都少有的，让你吃得满嘴乌黑！"王羲之看着镜子里自己那副狼狈相，再看看桌上那盘蒜泥还一点儿没动，而砚里的墨汁倒被自己吃得差不多了，尴尬地笑起来。

后来，王羲之的书法名声传到了朝廷。朝廷就请王羲之到宫中题写了祭祀天地、祈求丰收的"祝版"。到晋成帝时，要更换"祝版"上的题词，让木工把"祝版"刨光了准备重新写。可是，木工刨了半天，也没有把王羲之写的字迹刨干净。因为王羲之的笔力雄健过人，字迹已经"入木三分"了。

王羲之从四五岁开始练字，直到59岁去世，共练了50多年，越到晚年，他的字写得越好，终于形成了自己书法艺术上的独特风格。1000多年以来，他的字一直是后人学习书法时临摹的范本。

第五章 书香学范：奋发图强兴学风

人人应读书勤学

【原文】

吾生不学书，但读书问字而遂知耳。以此故不大工，然亦足自辞解。今视汝书，犹不如吾。汝可勤学习，每上疏宜自书，勿使人也。

——刘邦《手敕太子文》

【译文】

我平生不学书法，只是在读书向人问字时才懂得一些。因此还不太擅长，但也能过得去。现在看到你写的字，还不如我。你要勤奋学习，每次上奏疏都要自己动手书写，不要指使别人代笔。

家范箴言

"坑灰未冷山东乱，刘项原来不读书"，这是晚唐诗人章碣的名句，其目的在于讽刺秦朝焚书坑儒的横暴无知，而不在于对刘邦和项羽不读书行为的肯定，但是我们依然可以得知刘邦、项羽都不是读书人。

刘邦早年曾经历过灭绝文化的暴秦时代，也曾产生过"读书无益"的错误思想，等到登临帝位之后，这才省悟陆贾提出的天下"居马上得之，宁可以马上治之乎"的重大意义，从此开始重视儒学，并痛改前非，不仅自己带头读书写字，而且亲书手敕责令太子勤奋学习。刘邦教子首先现身说法，坦诚追讨自己当年的过错；其次是自己率先垂范，强化身教效果；最后责令太子每次上疏要亲自书写，不得请人代笔，以便督促检查。刘邦当时采取的这种教子的方法及方向最终获得了不菲的回报：中国历史上著名的"文景之治"在他身后不久即应运而生。

唐太宗教子多管齐下

唐太宗李世民是中国历史上最著名的皇帝之一，他是一位政治家、军事家、书法家、诗人。他原是位武将，即位后积极听取群臣的意见，努力学习，文治天下，成功转型为中国史上最出名的政治家与明君之一。

在家庭教育上，李世民对诸子的教育培养可谓费尽心力。他为诸子千挑万选良师，尽量为孩子创造良好的学习条件。同时，他着力培养孩子良好的品行和实践能力，注重教学方法，善于从书本中、实际生活中启发教育孩子。

在生活和处理政务时，李世民深刻认识到，对后代的教育是一桩百年大计，所以时时处处都注意对儿子们进行思想教育。

唐太宗给几个儿子选择的老师都是德高望重、学问渊博的人，而且一再告诫子女一定要尊重老师。太子的老师李纲因患脚疾，不能行走。怎么办呢？在封建社会里面，后宫森严，除了皇帝和他的后妃、子女可以坐轿外，其他官员不要说坐轿，就是出入也是诚惶诚恐的。唐太宗知道后竟特许李纲坐轿进宫讲学，并诏令皇太子亲自迎接老师。后来，唐太宗又叫礼部尚书王圭当他第四个儿子魏王的老师。

有一天，他听到有人反映魏王对老师不尊敬。唐太宗十分生气，他当着王圭的面批评儿子，说："以后你每次见到王圭，如同见到我一样，应当尊敬，不得有半点放松。"从此，魏王见到老师王圭，总是好好恭迎，听课也认真了。

由于唐太宗家教很严，他的几个儿子对老师都很尊敬，从不失礼。唐太宗教子尊师也被后人传为佳话。

唐太宗除选择了有名望的学者当老师之外，还注意随时随地启发儿子们的思想认识。他同儿子们一起吃饭时，就问："你们知道饭的来历吗？"儿子们说："不知道。"唐太宗就说："这是农民辛勤劳动种植出来的，只有不误农时，让老百姓高高兴兴种好地，你们才会永远有饭吃。"

看见儿子们练骑马，他就问："你们对马了解吗？"儿子们说："不了解。"唐太宗就说："马是代人出力的牲口，不要让马太累，这样才可以永远有马骑。"

看见儿子们划船，他就问："你们了解船吗？"儿子们说："不了解。"唐太宗就说："船好比国君，水好比百姓。水能载船，也能覆船。你们将来当国君，要牢记这个道理！"

看见儿子们在一棵大树下乘凉，就问："你们了解树吗？"儿子们说："不了解。"唐太宗就说："这棵树虽然弯曲，如果认真矫正它，就能长直了。做国君的，虽然会犯错误，只要虚心接受意见，就会心明眼亮起来。你们都要牢记在心！"

此外，唐太宗还经常用礼仪约束规范诸子。早在贞观七年（633年），他就吸取以往教训，产生了使诸子"早有安分，绝觊觎之心""使其兄弟无危亡之患"的想法。贞观十一年（637年），侍御史马周上疏指出，汉晋以来，不预立名分，以致灭亡的严重后果，建议"当须制长久之法，使万代遵行"。对此，唐太宗很赞成，并嘉奖了马周。

贞观十六年（643年），唐太宗对侍臣说："当今国家什么事最急？"左右大臣各抒己见。褚遂良提出："太子、诸王须有定分，陛下宜为万代法以遗子孙。此最当今日之急。"唐太宗认为他说得非常对，同时表示了自己的担心。唐太宗充分认识到教育规范诸子的重要性，并将此提上了议事日程。为此，他命人制定了一系列的规章制度来约束诸子行为，同时还命人征录古来帝王子弟成败事，命名为《自古诸侯王善恶录》，以赐诸王，以求劝诫。

唐太宗还教导诸子"当须自克励，使善事日闻，勿纵欲肆情，自陷刑戮""夫为臣子不得不慎"。唐太宗所做的这些努力，无不高瞻远瞩，目的是为了防止诸子争夺皇位而出现宫廷之争。但是事与愿违，诸子之间的纷争最后还是不可避免。这是因为封建时代立储之争是权利争夺的焦点，是封建制度的一大弊端，非唐太宗的教育所能完全改变的。

尽管如此，唐太宗的所作所为，还是有先见之明的。他的这些做法还是起到了一些作用，一定程度上防范了皇室内部诸子为争夺皇位而产生的相互厮杀。

贞观二十二年（649年），唐太宗已病危，在自知来日无多时，他亲撰《帝范》12篇，系统地总结自己君临天下的统治经验，颁赐与太子李治，作为他即位后效法的榜样。他郑重指出："修身治国，备在其中，一旦不讳，更无所言矣。"又指出："此十二条者，帝王之纲，安危兴废，成在兹焉。"

　　为了维护唐王朝内部的稳定，为了能使李唐王朝能够延续昌盛，唐太宗在家庭教育方面费尽了心思。唐太宗去世后，他的第九子李治即位。李治即后来的唐高宗。唐高宗虽不如其父英雄伟略，但基本上能够做到守成。他继承其父事业，还开创了所谓的"永徽之治"。

知行合一是真知

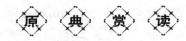

【原文】

　　自古明王圣帝，犹须勤学，况凡庶乎！此事遍于经史，吾亦不能郑重，聊举近世切要，以启寤汝耳。士大夫子弟，数岁已上，莫不被教，多者或至《礼》《传》，少者不失《诗》《论》。及至冠婚，体性稍定；因此天机，倍须训诱。有志尚者，遂能磨砺，以就素业；无履立者，自兹堕慢，便为凡人。人生在世，会当有业：农民则计量耕稼，商贾则讨论货贿，工巧则致精器用，伎艺则沉思法术，武夫则惯习弓马，文士则讲议经书。多见士大夫耻涉农商，羞务工伎，射则不能穿札，笔则才记姓名，饱食醉酒，忽忽无事，以此销日，以此终年。或因家世余绪，得一阶半级，便自为足，全忘修学；及有吉凶大事，议论得失，蒙然张口，如坐云雾；公私宴集，谈古赋诗，塞默低头，欠伸而已。有识旁观，代其入地。何惜数年勤学，长受一生愧辱哉！

——南北朝·颜之推《颜氏家训》

【译文】

自古以来的那些圣明帝王，尚且要勤奋学习，何况普通百姓呢！这类事例在经书典籍中随处可见，我也不能一一列举，姑且拣近世紧要的事例说说，以启发点悟你们。士大夫的子弟，几岁以后，没有不受教育的，多的读到《礼记》《左传》，最少的起码也学完了《诗经》和《论语》。等到他们成年，体质性情都已逐渐成形；趁这个时候，就要对他们加倍进行训育教诲。那些有志气的人，就能经受磨炼，成就其清白正大的事业，而那些没有操守的人，从此懒散懈怠起来，就成了平庸之辈。人生在世，应该有所专长：当农民的就要算计耕作，当商贩的就要商谈买卖，当工匠的就要努力制作各种精巧的用品，技艺之士就要深入研习各种技艺，武士就要熟悉骑马射箭，而文人则要讲论儒家经书。我常见到一些士大夫以从事农业和商业为耻，又缺乏手工艺方面的本事，射箭连一层铠甲也射不穿，提起笔仅仅能写出自己的姓名，整天酒足饭饱，无所事事，就这样消耗时日，来终了自己的一辈子。有的人因祖上的荫庇，得到一官半职，便自我满足，完全忘记学习；碰上有吉凶大事，议论起得失来，就张口结舌，茫然无知，如同堕入云雾中一般；在各种公私宴会的场合，别人谈古论今，赋诗言志，他却像塞住了嘴一般，低着头不吭声，只有打呵欠的份儿。有见识的旁观者，都替他害臊，恨不能钻到地底下去。这些人为何不肯勤学几年，以致终生含愧受辱呢！

家范箴言

本篇家训中颜之推告诫子弟要珍惜光阴，勤奋学习。反对"闭门读书，师心自是"和"但能言之，不能行之"的空疏学风。的确，人若不能读书，不能知礼，只把吃饱睡好看作生活，那么与飞禽走兽有什么不同呢？人之所以是人，就是因为人可以学习，能够具有自己的思想，一生不肯学习而毫无追求不是放弃做人的资格吗？

苏秦悬梁刺股

苏秦，字季子，是我国战国时期著名的政治家。他曾经游说六国、联合六国抗秦，为六国免于被秦国所灭立下很大的功劳。苏秦之所以能有那么大的成就，主要在于他年轻时候学习非常勤奋刻苦，饱读经书，有着丰富的政治、军事和经济方面的知识。尤其是他那种"悬梁刺股"的刻苦精神，千百年来一直是人们广为流传的勤学佳话。

苏秦最初拜鬼谷子为师，学习纵横术。几年之后，苏秦自以为学得不错，就想凭着自己的学识和口才，出去谋个一官半职。

他先去拜见周显王，可是周显王手下的人知道苏秦是庄稼人出身，都看不起他，认为他所说的都是空话，不愿意在周显王面前推荐他。苏秦没办法，只好改变主意，上秦国去了。

不幸的是秦惠王自从杀了商鞅之后，不大喜欢外来的客人，就挺客气地回绝了他。苏秦碰了个软钉子，可他还不死心，仍旧幻想能够得到秦王的重用。他费了好多工夫，绞尽脑汁写了一封言辞很诚恳的长信献给秦惠王，希望秦惠王能发现自己的才华、采纳自己的意见。可是，信到了秦惠王手里，秦惠王只是草草地看了看，就搁在一边不理了。

苏秦耐着性子，等了又等，结果等了一年多，秦惠王还是不起用他。眼看着从家里带来的盘缠将要花光，身上的衣服也穿得又破又旧，再待下去连吃饭的钱也没有了，苏秦只好扫兴而归。

家里人看到苏秦这样憔悴、狼狈地回来，就知道功名没有求成，便你一言我一语地奚落他没有出息。

母亲说："你钱也花完了，车子也卖了，官到底没做上，还有脸回来哪！我要是你，找个地方死去也不回来。幸亏我跟你爹还有点积蓄，要是没有的话，指望你养活我们，我们早就饿死啦！你还好意思站在我面前，快给我滚出去吧！"苏秦父亲在旁边骂道："算了，算了，跟他这种人生什么气！咱们只当没有他这个儿子好了。要是因为他而气病了，还真是不合算呢！"

苏秦听到父母这么责骂他、挖苦他，心如刀割。他又羞又气愤，眼泪围着眼眶打转，甭提有多难过了！他马上退出父母的房间，这时才想起一路上没吃饭，肚子早已饿得咕咕叫。苏秦想起平日总是嫂子做饭，还是先让嫂子做点饭吃吧。

走到厨房一看，嫂子正在刷饭碗，他马上过去给嫂子行了个大礼，说："嫂嫂，您好啊？"

苏秦嫂子歪着头，给他翻了两个白眼，不屑地说："好！你终于回来了，找我有事吗？"

"嫂子，我还没有吃上饭呢。您给我做点吃的，好吗？"

"现在是什么时候了，早饭刚刚吃完，又要做吃的。你就索性熬一会儿，晚上一块儿吃吧！"

这可把苏秦气坏了，可是又拿嫂子没有办法，只好垂头丧气地回到自己屋里。苏秦挑开门帘一看，妻子正坐在织机上拿着梭子织绢。苏秦满心欢喜，心里想妻子总不会瞧不起自己吧。

哪里料到苏秦的妻子知道丈夫落魄归来，心里正气着呢！她见苏秦进来，仍旧坐在机前，上上下下打量了苏秦四个回合，连哼也不哼一声，沉着脸好像没瞧见，照样织她的绢。

这下，苏秦可真是气得脸色发白，浑身打战，一咬牙就从屋里出来，仰天长叹，心里琢磨着："我之所以被他们看不起，不就是因为我没有求得功名吗？我就不相信我这辈子没有出头之日了！秦国不用我，我还可以去找其他六国。如果我真有才学，难道他们就没有一个肯用我？苏秦啊苏秦，你一定要争气！"

从此以后，苏秦决心继续读书。不管家里人怎样冷淡他、说三道四、指桑骂槐，他都当作耳边风，装作没有听见。他整理了书箱，找出当初鬼谷子老师送的《太公阴符篇》，昼夜不停地研诵，一个劲儿地苦念，琢磨书中的道理和奥妙。

这样三天五天还行，时间一长，苏秦可就受不了了。十几天没有好好地睡过觉，实在是困极了。有时，念着念着，眼皮粘到一块儿怎么也睁不开，就迷迷糊糊地睡着了。苏秦着急了，骂自己不争气。后来，他想了一个主意，拿湿手巾顶在头上。一试，果然清醒多了。可是，时间一长，手巾热了，苏秦又昏昏沉沉地睡过去。

一天，苏秦读得又累又困，就趴在桌上呼呼大睡起来。突然，一阵疼痛使他从梦中惊醒。睁眼一看，原来是妻子叫他吃饭，怎么叫也叫不醒他。妻子就用手去拉他的头发，这下可真灵，苏秦马上醒过来了。于是，苏秦从中得到了启发，他灵机一动，又想出一个治困的办法来。

他找来一根绳子，把绳子一头拴在屋梁上，另一头牢牢地吊住自己的头发。这样，当他要打瞌睡，脑袋扑向桌子时，绳子就揪住头发，揪得他头皮发痛。这么一来，困劲儿就跑了，他又可以继续念书了。

但是，这个方法试了几天后，苏秦发觉要是真困极了，就是绳子揪住头发，仍旧能睡着，这可怎么办好呢？

苏秦苦思冥想了几天，终于又想出一个高招。他拿来一把锥子，往书桌边上一搁。读书时觉得困了，就伸手操起锥子在大腿上肉厚的地方刺一下，扎得鲜血直流，疼得浑身哆嗦。于是，精神又来了，他又可以接着念书了。

家里人见苏秦这样发疯般地念书，怕他搞坏身体，就劝他不要这么拼命了，可是苏秦不听。

苏秦就这样悬梁刺股、刻苦用功，熬了一年多，终于读熟了《太公阴符篇》，掌握了姜太公的兵法，记熟了各国的地形、政治情况和军事力量，并且用心揣摩和研究了诸侯的心理状态。真可谓天下大势如在掌中。他安慰鼓励自己说："我苏秦有了这样的学问，一定能够取得卿相之位了。"

果然，经过这一番准备，苏秦在前 334 年开始游说六国，终于得到六国君王的重用，佩挂六国相印，总辖六国臣民，衣锦还乡，荣归故里。而且，他的合纵术也得到了世人的推崇。苏秦终于凭着自己的勤奋和毅力，争了一口气！

第五章 书香学范：奋发图强兴学风

勤奋好学以自立

【原文】

长傲、多言二弊，历观前世卿大夫兴衰及近日官场所以致祸福之由，未尝不视此二者为枢机，故愿与诸弟共相鉴诫。第能惩此二者，而不能勤奋以图自立，则仍无以兴家而立业。故又在乎振刷精神，力求有恒，以改我之旧辙，而振家之丕基。

——清·曾国藩《曾国藩家书·致九弟》

【译文】

长傲、多言两大弊病，遍观历代公卿大夫兴旺衰败及近世官场之所以招致祸福的缘由，无不以这两种情况最为关键。所以希望和各位弟弟一起引以为戒。即使戒除这两个毛病，如果不能勤勉奋发有所成就，那么，还是没有办法使家业兴旺。所以又要振奋精神，努力做到持之以恒，以革除我过去的毛病，奠定一家的基业。

家范箴言

不能勤勉奋发图强，怎么能使家业兴旺？曾国藩在这篇家书中又再次强调持之以恒的重要性。荀子讲："锲而舍之，朽木不折；锲而不舍，金石可镂。"这句话充分说明了一个人如果有恒心，一些困难的事情便可以做到；没有恒心，再简单的事也做不成。学习就需要恒心，需要持之以恒。学习是一条漫长而艰苦的道路，不能靠一时激情，也不是熬几天几夜就能学好的，必须养成平时努力学习的习惯。

傅小石勤奋学画成大师

我国著名画家傅抱石原名长生、瑞麟，号抱石斋主人。江西省新余县人，是国画界与刘海粟、吴作人等齐名的现代国画大师。他擅画山水、人物，是"新山水画"代表画家。新中国成立后，他任江苏省国画院院长、中国美术家协会副主席。傅抱石不仅在艺术上成就突出，而且在教育子女上也堪称楷模。

傅小石是傅抱石的大儿子，自幼颖慧过人。3岁时，南昌举行儿童健康、智力比赛，他面对陌生大人的提问，对答如流，从容自若，荣获第二名。傅抱石分外喜欢傅小石，自小辅导他，教他握笔作画。

有一次，傅抱石夫妇外出，有客来访。父母归来后，傅小石据情相告，父亲问他来客是谁，傅小石这才想起忘记请教客人的姓名，于是灵机一动，将一只空烟盒翻转过来，在上面画出来客的尊容。父亲看到画中人的面部特征，一下子便认出来了。

傅小石考入中央美术学院后，更加勤奋学画，曾在全国专业杂志《版画》上多次发表版画作品。他还积极参加各种社会活动，被选为班长。著名版画家江丰欣喜地对傅抱石说："你的儿子是个天才。"傅小石的外公也非常喜欢傅小石，说："这孩子是块材料，要是将来没出息，你们到我坟头去给我三鞭子。"

20世纪50年代时，一场政治风波将傅小石打入了"另册"。傅抱石怎么也不相信儿子会反党反社会主义。他借着赴京为人民大会堂作画的机会，约来了在北京双桥农场劳动改造的儿子，见儿子骨瘦如柴，表情拘谨，傅抱石的心头不禁泛起一股酸楚。他对儿子说："以后，你可以常来，我已经同有关方面打过招呼，一则可以看我画画，二则可以跟我当当助手。记住，不管什么时候，画画是不能丢掉的。"

父亲的关怀，增强了傅小石继续作画的信心。他白天勤勤恳恳地劳动，晚上则通宵达旦地作画。在父亲的悉心指导下，傅小石倾注7年的心血，完成了一部美术理论专著《图案设计新探》。著名画家黄永玉看了这部专著后说："我认为这本书至少可以用五国文字出版。"

在父亲的教导下，傅小石还如饥似渴地阅读鲁迅、郭沫若和胡风的作品。傅小石还与画家司徒乔的女儿司徒圆合作，共同出版了一本图文并茂的《浪花集》。

对傅小石的作品和为人，艺术大师刘海粟做出过这样的评价："不能用寻常的尺子去量。这是一颗热情的、不甘沦为平庸而虚度岁月的心，对祖国、生命、青春、历史、爱情、土地，平凡与不平凡的人们唱出的赞歌，是生命和艺术战胜死亡、残疾的丰碑。"

傅抱石倾注全部的父爱，使傅小石在厄运面前也能够面对命运的打击，不气馁，不屈服，坚持在艺术道路上摸爬滚打，终于成为绘画艺术领域的大师级人物。

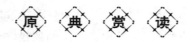

业精之法在于专

原 典 赏 读

【原文】

求业之精，别无他法，曰专而已矣。谚曰："艺多不养身"，谓不专也。吾掘井多而无泉可饮，不专之咎也。诸弟总须力图专业，如九弟志在习字，亦不必尽废他业。但每日习字工夫，断不可不提起精神，随时随事，皆可触悟。四弟、六弟，吾不知其心有专嗜否？

若志在穷经，则须专守一经；志在作制义，则须专看一家文稿；志在作古文，则须专看一家文集。作各体诗亦然，作试帖亦然。万不可以兼营并骛，兼营则必一无所能矣。切嘱切嘱！千万千万！此后写信来，诸弟备有专守之业，务须写明，且须详问极言，长篇累牍，使我读其手书，即可知其志向识见。凡专一业之人，必有心得，亦必有疑义。诸弟有心得，可以告我共赏之；有疑义，可以问我共析之。

——清·曾国藩《曾国藩家书·劝学》

【译文】

寻求学业之精深，没有别的办法，说的是一个"专"字而已。常言道："技能多并不能维持一个人的生计。"说的就是不够专一。我掘井很多而没有水可以吃，是不专的原因。各位弟弟无论如何都应当致力于专深一门学业，如九弟立志练书法，也不必完全抛弃其他方面。只是每天练习字帖之时，决不可不提起精神，随时随事，均可接触体会。至于四弟和六弟，我不知道你们心里究竟有专一门学业的爱好没有？如有志于探寻古代经典之学，就必须专守一经；如有志于作八股文，就必须专读一个人的文稿；如有志于作古文，就必须阅看一个人的文集。作各种体裁的诗词也是如此，作应付科举考试中的试帖诗也是如此。千万不可以各门学问同时进行、心志不专，如果各门学问同时进行，则必定一无所成。切嘱切嘱！千万千万！此后你们写信给我来，对于各人专守之学业，务必详细写明；尚且须向我详细询问到深处，文字篇幅多长也不要紧。以使我读了你们的信后，就可以知道你们的志向见识如何。凡是专攻一门学业的人，必定有所心得体会，也必定存在着疑难问题需要解决。各位弟弟有什么心得体会，可以告诉我来与你们一起欣赏一番；有了疑难的问题可以向我提出，我也可以与你们一起来加以分析探讨。

家 范 箴 言

曾国藩在篇中讲的实际上涉及做学问有了一定基础，如何进一步深入下去的辩证关系，如果只是"半桶水"，什么学问都想做，结果就会什么也做不成。这就必须做到一个"专"字，只有"专"学问才可能做到精深。这种有目的、有计划、有选择的循序渐进的学习方法，至今仍有借鉴的意义。

第五章 书香学范：奋发图强兴学风

家 风 故 事

曹雪芹专注著巨著

曹雪芹，名霑，号雪芹，生于康熙五十四年（1715年），卒于乾隆二十八年（1763年）。曹雪芹的祖上是汉族，明朝末年加入满洲籍，为正白旗，其实是满族的奴隶。曹雪芹的曾祖母是康熙的奶妈，曹雪芹的祖父曹寅，曾做过康熙的侍读。

康熙当了皇帝之后，曹家受到重用，荣华富贵也就接踵而至。从曹雪芹的曾祖父到他的叔父，都先后江宁织造，有时还兼任苏州织造或两淮盐政。织造是专门为皇室织造绸缎、采办什物的机构。织造虽然官没有一定的品级，但多为皇上的心腹担任。织造有事，可以直接向皇上奏报，可以呈密折，监视江南的吏治民情，充当皇帝的耳目。因此，织造的权势很大。

曹雪芹的祖父曹寅博学能文，擅长诗词戏曲，与许多著名的文人学者有密切的往来。康熙对曹寅特别赏识。康熙6次南巡，4次住在曹寅的江宁织造署内。当时的曹家，声名显赫，为江南最有名的富贵之家。曹雪芹就出生在这样的家庭，从小过着锦衣玉食的生活，并受到文学艺术的熏陶。

可是，曹雪芹的好日子并没有过上多久。康熙死了之后，换了雍正当皇上，老账一算，曹家的好日子也就过到头了。曹家长期担任织造、盐政等职，财务亏空很大，由此，曹雪芹的叔父曹頫被革去江宁织造之职，家产被抄。年幼的曹雪芹随家人由江宁回到北京。

乾隆当上皇帝之后，曹雪芹的叔父又被起用，当内务府员外郎。可是没过多久，曹家又遭到更大的打击，从此这个显赫百年的家族便彻底败落了。

曹家败落以后，曹雪芹过着极其艰难的生活，庭院中长满荒草，而喝粥是家常饭，想喝酒，只有去赊账了。

曹雪芹的才气极高，对金石、书画、风筝、编织、医学、建筑、烹饪、工艺、印染、雕锦等各种学问，无不精通，尤其擅长诗词和绘画。他的好友敦敏称赞他"诗笔有奇气"。

曹雪芹虽然多才多艺，却厌恶八股文。对于入仕与求取功名，更视如粪土。他的性格孤傲，因此遭到一些士大夫的轻视。

由幼年富豪到中年的家境败落，大起大落的变故，使曹雪芹目睹了封建末世各种腐败丑恶现象和尖锐复杂的社会矛盾。由贵族落魄成了穷苦的老百姓，使曹雪芹得到广泛接触社会、观察社会的机会，从中也真正体验了究竟什么为世态炎凉。中年的曹雪芹决心把自己亲身经历以及耳闻目睹的一切写出来，并把这一切告知天下。但是，在封建专制统治下，任何一点触及封建统治的文字，都会遭到残酷的迫害。基于这样的考虑，曹雪芹发挥自己的文学才能，将"真事隐去"，"用假语村言"写出一部长篇小说，以"醒国人之目"。

曹雪芹写《石头记》历时10年，增删5次。在写作过程中，他的生活愈发贫困，住的是风雨飘摇的茅屋，吃的是稀粥，甚至时有断炊的情形，曹雪芹不得不靠卖字画或靠朋友的接济和借债过日子。不管生活怎样窘迫，他仍旧埋头创作。丧妻失子，使曹雪芹悲恸欲绝，可这没有压垮他。他继续奋笔疾书，可惜书没写完，曹雪芹就去世了，只留下了未完的《石头记》，也就是《红楼梦》的前80回。

《红楼梦》是一部现实主义的杰出作品。它结构严谨，语言精练，描写细腻，人物形象栩栩如生，人情世态跃然纸上，对读者具有极大的吸引力。

压力可以成为前进的动力，逆境能够磨炼人的意志。曹雪芹之所以能够创作出不朽的《红楼梦》，是因为他有着顽强的进取精神。这种精神，值得我们每一个人学习。

第五章

书香学范：奋发图强兴学风

学诗宜先学一体

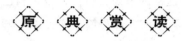

【原文】

学诗从《中州集》入亦好。然吾意读总集，不如读专集。此事人人意见各殊，嗜好不同。吾之嗜好，于五古则喜读《文选》，于七古则喜读《昌黎集》，于五律则喜读杜集，七律亦最喜杜诗，而苦不能趋步，故兼读《元遗山集》。吾作诗最短于七律，他体皆有心得，惜京都无人可与畅语者。尔要作诗，先须看一家集，不要东翻西阅。先须学一体，不可各体同学。盖明一体，则皆明也。

——清·曾国藩《曾国藩家书·劝学》

【译文】

一个人学作诗，从金代诗人元好问选编的《中州集》入手也好。然而，我的意见是读这样的总集，不如读一部专集要好些。关于这个问题，各人的意见都不一样，爱好都不相同。我的爱好是，于五古诗则喜爱读中国古代最早的诗文总集《文选》，于七古诗则喜读唐代诗人韩愈的集子，于五律诗则喜读唐代诗人杜甫的集子，七律诗也最喜爱读杜甫的诗，而苦于不能够把他们的风格学到家，所以兼读金代诗人元好问的诗集。我作诗最不善于作七律体，其他各体则都有所成就，可惜京城里没有可与相互切磋的人。你要学作诗，首先必须看一个人的诗集，不要东翻西读。首先必须学习一种体裁，不可各体同时学习。这是因为，如果明了了其中一种体裁，那么其他各体也就都会明了的的。

曾国藩一生对作诗颇有研究，且取得了瞩目的成就，形成了自己的风格，体现了时代的特色。他所强调的，学作诗就须先学一体的观点，同样体现了他的宜专不宜广的学术思想，值得今人借鉴吸取。

家 风 故 事

少年才俊——王勃

王勃（649—676）是我国唐朝初期的著名诗人，"初唐四杰"之一。他6岁就会写文章，10岁就能阅读儒家的经典著作，14岁就撰写出了非常出色的诗文，并且应举及第，不到20岁就被授予了朝散郎的官职。一个弱冠少年竟能入朝为官，这在当时被传为美谈，人们都称赞王勃是个"神童"。

上元二年（675年）秋，洪州（今南昌）都督阎伯屿把滕王阁修葺一新，要在重阳节那天大宴天下宾客。王勃正好路过南昌，于是前往拜访。阎都督此次宴客，真实目的是为了向大家夸耀女婿孟学士的才学，并让女婿事先准备好一篇序文，当作席间即兴所作写给大家看。宴会上，阎都督让人拿出纸笔，假意请宾客们为这次盛会作序。大家知道他的用意，都推辞不写，而王勃竟不推辞，接过纸笔，当众挥笔而书。

阎都督非常不高兴，拂袖而起，转入帐后，教人去看王勃都写了些什么。听说王勃开头写道"豫章故郡，洪都新府"，便说：不过是老生常谈！又闻"星分翼轸，地接衡庐"，便沉吟不语了。等听到"落霞与孤鹜齐飞，秋水共长天一色"，都督不得不叹服道："此真天才，当垂不朽矣！"《唐才子传》记道："勃欣然对客操觚，顷刻而就，文不加点，满座大惊。"名作《滕王阁序》就由此而来。

676年，王勃到交趾探望父亲，途中因渡海时溺水受到惊吓而死。可惜一位少年才俊，死时才27岁。后人评价王勃"年少才高，官小名大"，是"初唐四杰"之首。

第五章 书香学范：奋发图强兴学风

第六章

宽厚待人：宽心从容怀天下

宽容意味着给予。宽容是汇聚百川的海洋，给予别人能让自己变得更加丰富。宽容是有力量的表现，而刻薄却是力量不足的流露。宽容有时给自己带来痛苦，但那痛苦是短暂的；刻薄有时给自己带来快乐，但那快乐也不会长久。一味地刻薄则会失去别人对自己的尊重，一味地宽容则会失去自己做人的尊严。宽容需要"海量"，是一种修养促成的智慧，只有那些胸襟开阔的人才会更好地赢得成功。

不择细流成浩瀚

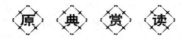

【原文】

宽则得众。

——《论语·阳货》

【译文】

待人宽容就能得到众人的拥护和爱戴。

家范箴言

尺比寸长，但十寸就等于一尺，再继续累加的话，寸也可以超越尺。因此，我们说，尺有所短，寸有所长，关键看是否有包容的量，能否继续扩充。高是因为能容纳很多的矮，大是因为能够容纳很多的小，长是因为容纳很多的短……

大海因为能够包容，小溪支流皆汇入，才有辽阔浩瀚的壮观；天空因为能够包容，阴晴雨雪勤变换，才有了自然气象的更替。没有包容，就没有壮阔；没有包容，就没有精彩。孟尝君之所以能够逃脱秦昭王的魔掌，是因为他能够容纳鸡鸣狗盗之辈；曹操官渡之战之所以能够以少胜多，是因为他能够举贤纳士，不拘一格。

孔子说："君子坦荡荡，小人长戚戚。"坦荡的心胸因为能容，故能受人尊敬，得人推崇，被人追随；而戚戚不已，则因为无量、锱铢必较、耿耿于怀，人们只好敬而远之，如此，则难以聚集人气，也很难有所成就。

"包藏宇宙之机，吞吐天地之志"，这是一种与天试比高的傲气豪情，是一种强烈的成功欲望，是一种千古名扬的英雄情结。我们每个人都应该有吞吐宇宙的心胸，如此，我们才能够以区区溪流，不断汇聚，终成滔滔江海。

李斯劝谏秦王

秦朝丞相李斯说："泰山不让土壤，故能成其大，河海不择细流，故能就其深。"泰山不舍弃任何土壤，所以能那样高大；河海不排斥任何细流，所以能那样深广；帝王不拒绝任何臣民，所以能显示他们的恩德。

李斯曾投靠在秦国丞相吕不韦的门下，由于巧舌善辩，被秦王政也就是后来的秦始皇看中，任命为客卿。所谓客卿，就是外来的官员，李斯本是楚国人，所以这样任命他。

一次，韩国给秦国派来了一个姓郑的水工，相当于我们现在的一位水利工程师。这水工给秦国出了个主意，让秦国开凿一条巨大的渠，引泾河的水来灌溉农田。很显然，这是韩国的计谋，目的就是用如此浩大的工程来耗费秦国的实力，让它没有力量再打韩国。

水渠投入建设后，秦王开始还满意，但是后来越来越疑惑，最后终于领悟了这是个计谋，他很生气，要杀这个姓郑的水工。同时，也对客卿产生了不满，大臣们则开始怀疑所有客卿都居心不良，他们联合请求秦王下逐客令。而李斯也在被逐之列。

可是李斯是一个野心家，他早就看到了秦国的壮大，他把所有的抱负都赌在了这里，怎么能忍受被驱逐呢？于是，他上疏秦王，即《谏逐客书》。

李斯劝谏秦王，用人不能只用秦国的人，要广泛地网罗人才，这是符合秦国利益的。嬴政感动于那句"泰山不让土壤，故能成其大；河海不择细流，故能就其深"，接受了李斯的建议，废除了逐客令，进而重用李斯。

李斯也不负所望，辅佐朝政 20 多年间，秦王吞并六国，统一天下，自称始皇帝。李斯也升为丞相，他又提出了许多改革的措施，使秦国越来越富强。

第六章 宽厚待人：宽心从容怀天下

君子能容人容物

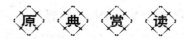

【原文】

君子贤而能容罢，知而能容愚，博而能容浅，粹而能容杂。

——《荀子·非相》

【译文】

君子贤能而能容纳无能的人，富有智慧而能容纳愚笨的人，学识广博而能容纳孤陋寡闻的人，道德纯洁而能容纳品行驳杂的人。

家范箴言

包容是一种修养、一种境界、一种美德，更是一种非凡的气度。拥有一颗包容之心，才是人最可贵的地方。然而很少有人能够懂得包容的真正含义，更难真正做到包容。要知道，包容是需要时间和行动来实现的，那是一种博爱的宽容。

包容对于一个人来说是尤为重要的。在长期的家庭生活中，它是吸引对方持续爱情的最终力量，它不是浪漫，甚至也可能不是伟大的成就，而是一个人性格的闪光点。这种闪光点是最吸引人的个性特征，而这种个性特征的底蕴在于一个人怀有的海洋般的包容心。

当然，包容也不是没有界限的。因为，包容不是妥协，尽管包容有时需要妥协；包容不是忍让，尽管包容有时需要忍让；包容不是迁就，尽管包容有时需要迁就。

包容，能体现出一个人良好的修养，高雅的风度。包容是一种看透人生的淡定，包容是仁慈的表现、超凡脱俗的象征，任何的荣誉、财富、高贵都比不上包容。包容是一篇优美的乐章，可以让你心情愉悦。做个包容的人，你就选择了快乐，你将成为朋友眼中最有风度的人。

包容之心赢天下

在官渡之战前夕，袁绍遣人招降张绣，并与贾诩结好。张绣准备同意，贾诩却当着张绣的面回绝了袁绍的来使，准确地指出袁绍不能容人。贾诩说投降曹操有三点优势：曹操挟天子令诸侯，名正言顺；曹操兵力较弱，更愿意拉拢盟友；曹操志向远大，一定能够不计前嫌。

最重要的莫过于不计前嫌了，因为张绣和曹操之间有血海深仇。而张绣听从贾诩的建议，率众归顺曹操。曹操是怎么做的呢？他闻讯后大喜，亲自接见贾诩，执其手说："使我的信誉扬于天下的人是你啊！"虽然曹操的用意不过是利用其归顺来获得一个"纳贤"的好名声，但是他的宽容大度由此也可见一斑。

而袁绍与之相比，则要差得多。袁绍号称谋士如云，战将如雨，文有田丰、沮授、许攸、审配，武有颜良、文丑、张郃、高览，文臣武将，齐聚帐下，人才济济，但是袁绍却失败了，原因在于不能容人。许攸、张郃、高览纷纷倒戈，与袁绍的为人不无关系。

而最让人难以忍受的是杀田丰之举。曹操东征刘备，许昌空虚，田丰建议袁绍乘虚而入，但是袁绍以"心中恍惚，恐有不利"为由错失了良机。曹操攻下徐州，刘备逃到袁绍处，要求他出兵，他不加考虑就同意了。这时田丰劝说道："以前曹操攻徐州，许都空虚，不及时进兵；今徐州已破，操兵方锐，未可轻敌。不如以久待之，待其有隙而后可动也。"袁绍不听。田丰又说："若不听臣言，出师不利。"袁绍大怒，将他逮捕下狱。

果然如田丰所料，官渡之战失败，军中将士都说，若听田丰的话，我们怎么会遭这等大祸。狱吏来给田丰贺喜，说："袁绍不听你的话，大败而回，你一定要受到重用了。"田丰说："不然，我就要被处死了。"

狱吏不明白他为什么这样说，田丰说："袁绍外宽而内忌，不念忠诚。

若胜而喜，犹能赦我；今战败则羞，吾不望生矣。"事实就是如此，袁绍兵败，非常后悔，然而他首先想到的就是命使者拿他的宝剑前往冀州狱中杀田丰。

袁绍表面上很能容人，实际上内心不能容人，得罪了自己的人不能容，比自己见识高明的人不能容。怎会有不败之理？

曹操煮酒论英雄，当刘备问到袁术、袁绍时，曹操说其不足挂齿。夫英雄者，胸怀大志，腹有良谋，有包藏宇宙之机，吞吐天地之志。能以包藏宇宙、吞吐天地的胸怀度量待人接物，自然就能够见人之长、容人之长、学人之长、用人之长，从而成就自己的事业；自然就能够见贤思齐，见恶思改，反省自求，提高自己。

官渡之战不仅是一个以少胜多的典型战役，更是一个为人处世的最高博弈，曹操因为深刻地领悟了包容的内涵，能包藏宇宙、腹吞山河，故能问鼎中原。

心宽方能器大

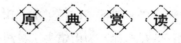

【原文】

器量须大，心境须宽。

——明·吴麟徵《家诫要言》

【译文】

气量应该博大，心境应该宽广。

家 范 箴 言

人生有很多种处世的方法和态度，但到底应该怎样，答案便仁者见仁、智者见智了。儒家主张以中正平和的心态，讲求以和为贵。道家讲求自然，强调要有包容万象的博大胸怀和宽广心境，这也正是作者所崇尚的。心境宽广的人乐观向上，懂得包容别人，不会轻易被周围的事情所困扰，使自己活得轻松自在、怡然自得。这也正体现了一个人良好的修养以及极高的精神境界。

家 风 故 事

郭子仪捐弃前嫌

唐玄宗天宝年间，朔方节度使安思顺部下有两位杰出的将领，一个叫郭子仪，一个叫李光弼，他们都有卓越的军事才能，又都能身先士卒，奋勇杀敌，各自都多次立下战功。

可是，郭子仪和李光弼两人互不服气，曾经因为一些小事闹了矛盾，都耿耿于怀，不肯让步。偶然在路上相遇，总想法避开。有时候两人同时应邀参加主帅举行的宴会，也只是拿眼瞟瞟对方，从来不说一句话。他们都在心底深藏着私怨。

天宝十四年（755年）十一月，范阳节度使安禄山勾结史思明发动了武装叛乱，叛军直奔洛阳、长安杀来。为了平息叛乱，唐玄宗提升郭子仪继任朔方节度使，统兵御敌。这样一来，原与郭子仪平级的李光弼，成了郭子仪的部将。李光弼担心郭子仪报复自己，曾经想要到别的节度使那里任职，但一时又没有走成。而郭子仪想到两人平时关系比较紧张，心中也很是不安。

正在这时，史思明又率领叛军在黄河以北攻城略地。朝廷传来旨意，命郭子仪分出一支人马，派骁勇的战将，领兵前往河北平定叛乱。

郭子仪得到圣旨，心中暗暗寻思，要讲文韬武略，勇敢善战，在众将中谁也比不上李光弼，他到河北作战最合适不过。但是两人从前隔膜很深，这次派他前往，他会不会认为我是挟私怨而加以报复呢？郭子仪思来想去，感到十分为难。但是他想到安史叛军所到之处，烧杀抢掠，百姓备遭涂炭，国家危在旦夕，应以大局为重，顾不得他人的闲言碎语，也顾不得李光弼是否会误解自己，于是毅然向朝廷推荐了李光弼。

李光弼听到这一消息，心中难过了好一阵。他想："叛军人数众多，杀气又正盛，而自己将要率领的兵马，数量远远不如贼兵，这不明明是借刀杀人，让我去送死吗？不过，朝廷的命令已经下达，只能毫无条件地服从。再说，讨平叛贼，安定社稷，本来就是自己从军入伍那一天立下的志愿。现在大敌当前，率兵杀敌是将军义不容辞的责任。"他又扪心自问："要是郭子仪不推荐，难道自己就不会主动请缨出征吗？这次出战河北，我应当是最合适的人选。"这样一想，心里宽松多了，于是毫不犹豫地接受了任命。

但是，李光弼对郭子仪的心理还是揣摩不透，不知他会不会在自己在前方浴血奋战之时，在后面给以掣肘。李光弼觉得有必要在临行前，对郭子仪当面表明心迹，也听听他的口风，于是策马向节度使府驰去。

侍卫一通报李光弼来访，郭子仪连忙放下兵书，急步来到大门外，躬身迎接，把他迎进大堂。李光弼拱了拱手，开门见山地说："我死固不足惜，男儿为国家战死疆场，是死得其所，毫无抱怨。希望郭将军能给我充分的指挥权，也不要在后面做手脚。我把妻子儿女托付给你，望你不计前嫌，保全他们！九泉之下，我也就瞑目了……"

没等李光弼说完，郭子仪就起身离座，扑上前来，紧紧抱住李光弼，含着热泪对他说："李将军，请不要讲了。以前的恩恩怨怨，我也有许多不对的地方。从现在起，一笔勾销。如今叛军猖獗，国家危急，百姓遭难，正是你我效力之时。谁还会老想着私愤！"

几句话说得李光弼心头一热，正想回答几句，就听郭子仪又说下去："本来这次我想亲自出师河北，但朝廷命我镇守朔方这块根据地，那么，能与史思明抗衡的，就非将军莫属了。你尽管在前方杀敌，我在后方会全力支援你。你的家小我也会悉心照料，李将军完全可以抛去后顾之忧。现在我分一万精兵给你，明日早起为你送行。"

不久，郭子仪也带兵赶到了河北。两人同心协力，密切配合，收复了黄河以北17郡。

为人心怀坦荡，不计私怨，多想想自己的不是，就会取得他人的谅解与尊重。

得意之时知退步

【原文】

兄自问近年得力惟有一"悔"字诀。兄昔年自负本领甚大，可屈可伸，可行可藏，又每见得人家不是。自从丁巳、戊午大悔大悟之后，乃知自己全无本领，凡事都见得人家有几分是处。故自戊午至今九载，与四十岁以前迥不相同，大约以能立能达为体，以不怨不尤为用。立者，发奋自强，站得住也；达者，办事圆融，行得通也。吾九年以来，痛戒无恒之弊，看书写字，从未间断，选将练兵，亦常留心，此皆自强能立工夫。奏疏公牍，再三斟酌，无一过当之语自夸之词，此皆圆融能达工夫。至于怨天本有所不敢，尤人则常不能免，亦皆随时强制而克去之。弟若欲自儆惕，似可学阿兄丁戊二年之悔，然后痛下箴砭，必有大进。……默存一"悔"字，无事不可挽回也。

——清·曾国藩《曾国藩家书·致沅弟》

【译文】

为兄我自己悟出近年能有所作为主要靠一个"悔"字。我过去曾自以为本领很大，能屈能伸，可进可退，又常常看到人家的不足。自从丁巳、戊午大悔大悟之后，才知道自己没有一点本领，凡事情都能看到人家有几分正确的。因此从戊午到现在的九年，与40岁以前大不相同，大约是以能立能达为行动的根本，以不怨不尤为行为准则。立，就是发奋图强，在社会上站得住；达，就是办事完满通融，在社会上行得通。我9年以来，痛下决心戒掉没有恒心的毛病，看书写字，从不间断，选将练兵，也非常用心，这都是发奋图强以争取站得住的功夫。所写的奏疏公文，用词再三考虑，没有一句与事实不符的话，也没有一个夸耀自己的词语，这都是完满通融以求得行得通的功夫。至于怨天我历来有所不敢，指责别人则经常免不了，但也都随时强制自己而克服这个毛病。弟弟如果想告诫自己以求上进，似乎可以考虑学习为兄丁巳、戊午两年的悔悟，然后痛下决心规谏自己，一定会有很大的进步。……默默地记住一个"悔"字，是没有什么事不可挽回的。

家范箴言

曾国藩在篇中反复强调，一个人在志得意满之时，还要抽身退步，闭门思过，以能立能达为体，不怨不尤为用，方能在人世间站得住、行得通，其聪明才智也才能发挥出来，也才有所成。这一思想观点在今天仍具有十分重要的借鉴意义。

家风故事

鲁仲连功成身退

鲁仲连是战国时齐国人，一生乐善好施，常替人出些好的计谋，可是等到事成之后，他却不受酬谢，不肯居官任职，终生保持淡泊的超然气节。

赵孝成王在位时，秦昭王拜白起为将，大破赵国的部队，坑杀赵国士兵40多万人，并趁势长驱直入，包围了赵都邯郸。秦军的威势震撼了各诸侯国，尽管赵国危在旦夕，但各诸侯国都不敢去解围。这时，魏王将援军驻扎在赵魏边界，不敢前进，又派客将新垣衍去游说赵王，希望赵王拥戴秦昭王称帝。在赵王和平原君犹豫不决的时候，鲁仲连挺身而出。一方面以鲍焦为榜样，表示自己伸张正义、反抗暴政的志向；另一方面纵论古今，阐述拥戴秦昭王为帝的严重后果。鲁仲连雄辩的论证，说服了新垣衍，表示从今以后，再也不敢倡导尊秦为帝的事了。围攻邯郸的秦将听到这个消息，立即退兵50里，恰巧，魏公子无忌也夺了晋鄙的兵权，率大军救赵。于是秦国的军队撤围而去。鲁仲连助赵抗秦的计谋成功了，平原君非常感激，便想分封一块土地来酬谢他，可是鲁仲连辞谢推让再三，始终不肯接受。于是，平原君又设酒宴款待他，当酒正喝得畅快的时候，平原君起身走到鲁仲连面前，送上千金，作为谢礼。鲁仲连笑着说："一个被天下人所看重的士人，他的可贵之处，是为人排忧解难，而又不去向人索取任何报酬。不然的话，那就是做买卖的行径了，我鲁仲连是不忍心干那种事的。"酒宴结束后，就辞别平原君而去。

宽厚待人人皆爱

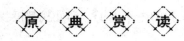

【原文】

惟宽可以容人，惟厚可以载物。

——明·薛瑄《读书录》

【译文】

对人宽容厚道，才能容人容物，成就事业。

家范箴言

宽厚是中华民族的一种传统美德，也是中华民族的高尚品质。它主要是指：说话、办事和为人处世，心胸坦荡，宽宏大量，容人容事，为人老实厚道。

我们古人很重视并提倡宽厚的品德。春秋时期孔子认为"宽则得众"（《论语·尧曰》），即对人宽容宽厚，才能得到众人的拥护和爱戴。在中国历史上，为人宽容、老实厚道的品德，一直被人们所崇敬。

在今天具体表现在：第一，胸怀坦荡，厚以为人。能以集体利益为重，关心他人的思想进步和生活疾苦。对人心地善良，老实诚恳，纯正无邪。第

第六章　宽厚待人：宽心从容怀天下

二，心胸广阔，虚怀若谷。对他人的缺点毛病，能耐心帮助，不过多追究，不求全责备；对于在原则问题上犯了错误，受了批评或处分，但又愿意改正或已开始改正错误的人，能够友好相处，团结共事；尤其是对反对过自己并且证明反对错了的人或事，能不计较过去，不计恩怨，做到以大局为重，团结一致，共同做好工作。第三，能薄己厚人。在与人交往或在集体生活中，当与人发生意见分歧和矛盾时，或在利益、荣誉面前发生冲突时，能够严于律己，宽以待人，不计较个人得失。

家 风 故 事

宽厚的刘宽

东汉末年，有一个以宽厚待人而闻名的人，名叫刘宽。

一天，他驾着一辆牛车外出游览，牛车慢慢地向前走着。突然，一个冒冒失失的人拉住了刘宽的牛车说："难怪我的牛不见了，到处找都没找到，原来是你把我的牛用来拉车了。"

刘宽对这突如其来的事，感到有些莫名其妙，心想："这么多年来我都是坐这头牛拉的车，这牛怎么是他的呢?"任凭刘宽怎么向那人解释，那人只是一口咬定这头牛是他的。

刘宽转而一想，别人丢了牛，又急着要用，与他争也无用，便只好暂时让那人把牛牵走，自己步行回家。

没过多久，那丢牛人找回了自己的牛，便把刘宽的牛送了回来，并跪下叩头向刘宽道歉："真对不起，误会了你，随你怎么处罚我都行。"

刘宽没有责怪他，反而体谅地说："同一类动物有相似的，有时候难免弄错。现在你很辛苦地把牛帮我送回来了，我还要谢谢你呢。"

刘宽升为太尉后，成为管理军事的长官，很有权势。有一次，他家请客，叫仆人到市上买酒。大家坐着等了很久，也没见把酒买回来，连客人们都等得不耐烦了。后来见仆人喝得酩酊大醉跌跌撞撞地回来了，有个客人忍不住骂道："畜生养的，太不像话了。"仆人十分狼狈地走了。

过了一会儿，刘宽派人去看仆人，怕他自杀，并对左右的人说："他也是人啊，骂他'畜生养的'，太侮辱人了，我怕他受不了寻短见。"

刘宽素来脾气很好，对家里人和侍女也从不发脾气。他夫人故意想惹他发一次脾气，就在他穿好朝服，准备上朝的时候，叫侍女捧一碗鸡汤给他喝，端到他面前时故意失手，把鸡汤倒翻在他的朝服上，泼得他一身尽是肉汤和油污。侍女赶快揩擦后，低头站在一旁，准备挨骂。只见刘宽不但不生气，反而关切地问："你的手烫着了吗？"侍女很受感动，他夫人也更敬佩丈夫的涵养。

刘宽温和的性情、宽宏的气度一直受到人们的尊敬。

胸怀坦荡行自直

【原文】

心如大地者明，行如绳墨者彰。

——汉·刘向

【译文】

心地如大地一般开明，行动像绳墨一样明白显著，整体的意思是让人心胸开阔，行为正直。

家 范 箴 言

襟怀坦白是指心地纯洁坦荡，胸怀开朗，无私无畏，毫不隐瞒，能够直截了当并如实地表达自己的观点或承认自己的错误和过失。

毛泽东同志早在革命战争时期就指出："我们必须坚持真理，而真理必须旗帜鲜明。我们共产党人从来都认为隐瞒自己的观点是可耻的。"（《毛泽东选集》）同时，他号召一切共产党员，应该具备"襟怀坦白"的品质。他说："一个共产党员，应该襟怀坦白，忠实、积极，以革命利益为第一生命，以个人利益服从革命利益。"

如今，培养襟怀坦白的品质，还有利于协调人们之间的关系，特别是党员干部有利于密切党群关系和干群关系，团结群众一道做好工作。

家风故事

周恩来豁达大度不念旧怨

周恩来同志是伟大的无产阶级革命家。他为了争取中华民族的解放和社会主义事业的胜利，曾给一些与革命背道而驰的人物，写过许多书信，直言规劝。这些书信，虽然多半属于工作性质，但也显示了周恩来同志豁达大度和宽阔的胸怀。

讨伐北洋军阀的革命战争，国共两党曾经合作，周恩来为此做过不懈的努力。蒋介石背叛革命，对共产党人和革命志士进行血腥屠杀。后来，中国共产党创建工农红军，建立革命根据地，又受到蒋介石5次大规模的残酷"围剿"。历史已经证明，蒋介石反动派在中国人民面前犯下了不可饶恕的滔天罪行。

周恩来同志能以大局为重，富有远见卓识，胸怀广阔。当日本帝国主义疯狂侵略，大举进攻，中华民族面临生死存亡之际，他又力主捐弃前嫌，共赴国难，促进抗日民族统一战线的建立。1936年5月，周恩来同志致信南开大学校长张伯苓，说明国难当头"应不分党派，不分信仰，联合各地政府、各种军队，组织国防政府与抗日联军，以统一对外"，并请他出头诚言规劝国民党当权人士。9月，他又分别写信给陈果夫、陈立夫、胡宗南和蒋介石，提出团结合作、一致对外、共同抗日救国的主张。他在给蒋介石的信中说："愿先生变为民族英雄，而不愿先生为民族罪人。"此外，周恩来同志还向各界人士写了很多呼吁信，要求他们伸张正义，促进国共再度合作，共同抗日。周恩来同志为了民族的利益，人民的利益，能够不念旧怨，团结一切可以团结的人，充分显示了无产阶级革命家的伟大气魄和风度。

能知己亦能知人

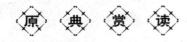
【原文】

知有己不知有人，闻人过不闻己过，此祸本也。故自私之念萌，则铲之；谀谄之徒至，则却之。

——明·吴麟徵《家诫要言》

【译文】

只知道有自己而不知道有他人，只听到别人的过错而听不到自己的过错，这是祸患的根源。所以自私的意念一旦产生，就要铲除它；善于阿谀逢迎的人来了，就让他走开。

家范箴言

自私的人只计较自己的得失，不顾别人的利益，为达到个人目的常常不择手段，忽视社会公德。这样的人常常招致别人的鄙视、反感和憎恶，很容易为自己带来灾祸。所以我们要防微杜渐，加强自我的品德修养，采取相应的措施来预防自私念头的产生，并且远离阿谀的小人。

家风故事

冼夫人一心为公

冼夫人（513—602）是广东高凉（今恩平一带）人，她是我国南方少数民族越族人，在6世纪的中国南北朝时期，她深明大义，维护祖国统一，是我国一位声名卓著的女英雄。

冼夫人一生经历了南朝的梁、陈和隋朝三代。当时，生活在高凉的越族有十几万户，冼夫人生长在一个姓冼的大族中。她自幼知书达理，喜欢习武射箭。她家几代都是南越首领，她从小就深知要维护民族团结。有一次，越族和黎族为一点小事动起武来，她不顾个人安危，挺身而出，进行调解，终于平息了两族的武装冲突。其巾帼美名，传遍了岭南地区。

　　梁朝的罗州（今广东化州附近）刺史冯融是汉族人，他儿子冯宝任高凉太守。冯家十分仰慕冼夫人的聪明贤惠，托人说媒，冼夫人认为这是越汉两族结好的象征，就同意与冯宝结婚。高凉一些少数民族有时不大听汉族地方长官的政令，冼夫人多次奔波于各族之间周旋，使当地民族纠纷明显减少，高凉地区出现了安定团结、政通人和的太平局面。

　　后来，中原地区内战不断，岭南政局受到影响。梁朝末年，长江下游陷入了侯景叛乱的战火之中，高州（今广东阳江一带）刺史李迁仕，想借混乱之机割据称雄，独霸一方，举兵谋反。为了拉拢冯宝和冼夫人一起叛乱，李迁仕请冯宝去议事。冼夫人明知其中有诈，又不能不去，她命令士兵把兵器暗藏于礼品担子中，假装前去会见。李迁仕听说冯冼二人手无寸铁带队前来送礼，高兴极了，一点戒备也没有。兵临城下，突然人人从担子里抽出武器，杀进城来，一举击破了李仕迁的叛乱阴谋。在关键时刻，冼夫人为反对分裂，维护梁朝的统一做出了重要贡献。在陈替梁、隋灭陈的朝代变迁中，冼夫人多次挺身而出，稳定了岭南的动荡局面，因此威信越来越高。

　　冯宝去世后，岭南又出现了不稳定的情况。陈朝太建元年，广州刺史欧阳纥起兵反对陈朝中央政府。为了逼迫冼夫人支持动乱，把冼夫人的儿子冯仆扣在广州为人质。冼夫人拒绝起兵反陈，她说："我一向忠贞保国，到目前已经两代了，不能因儿子的性命而辜负了国家的统一！"她一面派兵保卫高凉边境，一面发兵协助陈朝大军平息叛乱，终于从监牢中救出了爱子冯仆。在维护国家统一事业中，冼夫人不徇私情、一心为国，表现出高尚的品格。陈朝为此封她为中郎将，成为南朝时期少数民族中第一个女将军。

　　隋朝开皇十年（590年），冼夫人迎隋军进入岭南。不久，番禺人王仲宣起兵抗隋，岭南眼看面临战乱。为维护隋朝统一，年事已高的冼夫人命孙子冯暄派兵援救隋军。不料，冯暄与王仲宣的一个部将是好朋友，出于私情，冯暄迟迟不出兵。冼夫人得知缘由，勃然大怒，派人找回冯暄押进大牢，另派孙子冯盎去助隋军打王仲宣。冼夫人也不顾年迈，亲自披挂上阵，帮助隋军治理岭南。岭南局势再次稳定下来。事后，隋文帝册封冼夫人为谯国夫人。隋文帝的皇后还赠送她许多首饰与服装。

冼夫人的儿孙们在她的教育下，也都能尽忠报国，维护统一。隋炀帝时，农民起义，贵族割据，国家政局动荡。当时，冼夫人的孙子冯盎凭借她的威望，控制了五岭二十多州，占据着广州、梧州、海南岛一带，势力范围很大。有人劝冯盎也割据称霸，自立为南越王。冯盎牢记祖母教导，毅然拒绝了这种分裂国家的不义之举，最终归附了新兴的唐朝。

宋代大诗人苏东坡曾写诗赞颂冼夫人：

冯冼古烈妇，翁媪国于兹。

策勋梁武后，开府隋文时。

诗中冯冼就是冼夫人，因她嫁给冯家，古时夫姓在前，因此为冯冼。冼夫人一生顺应了民族团结、祖国统一的历史潮流，保持岭南地区局面的稳定，客观上减轻了老百姓的苦难，功绩是突出的。这种精神，世代为我国各族人民所敬仰。冼夫人的画像，至今还悬挂在广州博物馆里。历史是不会忘记这位女英雄的，她不仅是越族的骄傲，也是整个中华民族的骄傲！

堂堂正正做人

【原文】

诚非虚致，君子不行诡道。

——隋·文中子《止学》

【译文】

真诚不能靠虚假得来，所以君子不使用诡诈之术。

家范箴言

弄虚作假、沽名钓誉之人，纵是骗得声名，也终会被人揭穿的。良好的品德容不得半点虚假，人的伪装不可能滴水不漏，一旦事情紧急，人的本性自然而然地显现，这绝非做假之人所能控制的。真诚对人才能赢取人心，不使诡诈才能问心无愧，堂堂正正。小人不从根本上培养仁德，这就决定了他们不管手段多么高明，到头来只能是枉费心机，终归无用。

家风故事

李世民推心置腹待属下

唐太宗李世民为了富国强民，十分注重加强自身的修养，他不止一次地对大臣们说："朕若失德，势必善言不听，善政不施，忠奸不辨，以此治国，天下自不久长了。你们可大胆进谏，只要朕有缺失，尽可一一指出，朕绝不怪罪。"

李世民鼓励进谏，可仍有人心存疑虑，他们私下议论说："自古道天威难测，谁知皇上之意是真是假？倘若说到了皇上的痛处，皇上还会原谅我们吗？"

素敢直谏的魏徵也有他想，可他凭着一腔忠义，每次都将顾虑置之脑后。一次，李世民听从了某大臣的建议，下诏征召不满 18 岁的男子当兵，魏徵以为不妥，把诏书扣下，李世民几次催促他都不予理睬。

李世民勃然大怒，他把魏徵召来，当面质问他："你抗旨不遵，目无君主，该当何罪？"

魏徵脸不变色，问道："陛下劝人进谏，其意殷殷，以今日之事看来，原是假作啊。既然陛下口是心非，臣只能以假对假，今后再不敢直言了。"

李世民一怔，忙道："朕真心实意，何来假装一说？你分明狡辩推脱，以掩己罪。"

魏徵不加深辩，诚恳道："上有明君，下有忠臣。陛下若只为装点门面，就听不到忠言了。臣听说竭泽而渔的做法，竭泽而渔，眼下虽能捕到很多鱼，以后却无鱼可捕了。如今陛下征召不满 18 岁的男子当兵，以后叫臣去哪里征兵呢？陛下的赋税又由谁负担呢？"

李世民听此大悟，马上转怒为喜，他不仅撤销了这道诏书，加封魏徵为太子太师，还痛切地自责说："朕之过也，卿不要放在心上。朕已知错，还请卿不吝赐教。"

李世民诚心纳谏，百官一时解除疑虑，纷纷上疏言政事得失。中郎将常何不善文墨，他便让家中的贫穷客人马周代笔，写了二十多条奏事呈上。

马周所写切中时弊，颇有见识，李世民不信这些是常何所写的，便当面问他真情。常何说出原委，李世民训斥他说："此奏非你所写，就该署马周之名，方才合理。朕真心求谏，你也该用心思量，自言其事，如此才不负朕之心意。"

他没有深究常何之过，却几次催召马周晋见。马周见到李世民，看他一脸真诚，亲切待人，心头一热。一番交谈过后，李世民的诚恳又让马周如遇知己，报效之心油然而生。李世民立即任命他到门下省做官，知恩图报的马周竭尽心智，为官做事都发奋努力，他的谏言多为李世民所采纳，最后他竟做到了中书令的高位，成为一代名臣。

李世民不乏权谋，可他在修身上却不投机取巧，玩弄手段。一次，有人向他献计说："陛下要识别佞臣，可先假装与群臣商议大事，然后假装发怒，借以察看群臣的反应。若是忠臣，他必不肯屈服，据理力争；若是佞臣，他一定要顺从陛下的意志，献媚讨好，不讲是非。如此当可看出佞臣，陛下即可将之清除了。"

李世民面色冷淡，他对那人说："这个方法虽好，却是诡诈之术，正人君子是不屑使用的。君是源，臣是流，若是源头混浊而要求支流清澈，是不可能的事。朕身为天子，自己若使用诈术，何能使臣下正直诚心？朕以诚待臣，绝无诡诈，相信这比其他方法更有成效。"

李世民的以诚相待，推心置腹，使天下的贤才尽为其所用，拼死效力，开创了"贞观之治"的盛世，李世民也以一代名君为后世所称颂。

第六章 宽厚待人：宽心从容怀天下

第七章

中规中矩：以身作则树榜样

　　纪律是在一定社会条件下形成的，集体成员必须遵守的规章、条例的总和，是要求人们在集体生活中遵守秩序、执行命令和履行职责的一种行为规则。纪律是一切制度的基石，组织和团队要长久生存和发展的重要的维系力量就是团队纪律。任何一个社会、一个国家、一个政党、一个军队都有维护自己利益的纪律，古今中外，概莫能外。只有严明有序的纪律，才可以为国家或者企业带来发展的良机。

法治是立国之本

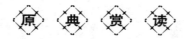
【原文】

先王之治国也，使法择人，不自举也。使法量功，不自度也。故能匿而不可蔽，败而不可饰也。誉者不能进，而诽者不能退也。然则君臣之间明别，明别则易治也。主虽不身下为，而守法为之可也。

——《管子·明法》

【译文】

先王治国，会根据法度去选择人才，而不靠自我印象。依据法度计量功劳，而不靠自我印象裁定。所以能者不会被埋没，败者也不能掩饰。无才的人即使有人赞誉也不能提升，有功的人即使遭到诽谤也不会被罢免。这样君与臣的界限分明，贤与不肖界限分明就容易治理了。君主并不用凡事都事必躬亲，只需要按法度办事就完全可以了。

家范箴言

治理好国家必须依靠法度的实行，法治是治国之本，更是治民之本。

翻开历史的画卷，我们可以看到，古往今来，各朝各代的文武百官之所以能为君王卖命，无非是欲做栋梁之臣，得到君王的赏识。而一旦君王昏庸不辨是非真伪，脱离法度来以虚名晋爵，那么，谁还能够一心为君王承担国事呢？

"上有所好，下必行焉"，君王没有君王的样子，臣子又怎么能够谨守臣子的职责呢？

古代君王治国，有的以德服众，有的以礼惠及众人，但不管是"仁治"还是"礼治"，都离不开"法治"，依法度行事不仅能树立君威，更能使国家强盛。

家 风 故 事

明辨是非的西汉昭帝

霍光和上官桀是西汉昭帝时的两个辅政大臣，上官桀之子上官安骄横跋扈、为非作歹。他整日饮酒作乐，还与后母、侍婢淫乱，并且还整日守在大司马府门口，见霍光出来，便缠住他，央求封自己的好友丁外人为侯，霍光自然是不答应，他又央求委任丁外人为光禄大夫，霍光还是不许。后来，上官桀亲自来请求此事，霍光还是拒绝了。

上官父子由此记恨霍光，他们开始盘算着争权夺利，试图把霍光掌权之职取而代之。御史大夫桑弘羊是前朝的权臣，名义上也是辅政大臣，他自认为无论从资历、功劳还是才能上，都比霍光强，但他的权势低于霍光，也赶不上上官桀。他曾替其子弟谋官，也遭到了霍光的拒绝，因此，他对霍光也是怀恨在心。

于是，桑弘羊与上官父子勾结起来，他们想携手反对霍光。另外，因自己未被立为太子而一直耿耿于怀的燕王刘旦对辅佐昭帝的霍光也是充满了仇恨，他在上官父子的拉拢下，也加入了反对霍光的联盟。

这样，三方势力各司其"职"，上官桀和桑弘羊暗中收集霍光的过失，然后把材料交给刘旦，刘旦负责上疏参劾霍光，他在奏折中说："霍光出京去长安东的广明亭检阅御林军，道上称跸，太宫供备饮食，僭用天子仪仗。他还任人唯亲，他的长史杨敞无功却当上了搜粟都尉。他还擅自调动校尉。霍光专权已久，臣怀疑他欲图谋不轨。"

皇上接到上疏这天，霍光恰好没有上朝，上官桀和桑弘羊便怂恿昭帝把燕王的奏疏下发百官，以使人人看清霍光的"真面目"。昭帝却自有主张，他把奏疏留了下来，不肯下发。

第二天，霍光听说了燕王参劾自己之事，便躲在一个小屋里，没有去上朝。

昭帝见霍光迟迟没有来，心里有些着急。上官桀趁机走上前去说："大将军听说燕王揭发他的罪行，躲起来不敢出来了。"

昭帝令霍光入朝。霍光只得前来，免冠顿首。昭帝却笑着说："请大将军戴上冠，朕知道燕王奏疏有诈，大将军无罪。"

霍光赶忙谢恩，他不解地问昭帝："皇上怎么知道奏疏有诈呢？"

昭帝严肃地说："大将军去广明亭检阅御林军，广明亭近在咫尺，何需准备饮食？调动校尉一事不出十日，身在外地的燕王怎能得知？再者，若大将军真想图谋不轨的话，也不在乎多一个或少一个校尉啊。"

接着，昭帝下令捉拿燕王遣来上疏的使者，上官桀和桑弘羊怕事情败露，赶忙对昭帝说："此等小事皇上还是不要追究了。"昭帝假装没有听见。上官桀等人仍不死心，他们又指使别人参劾霍光，昭帝不禁大怒道："大将军忠心耿耿，先帝遗命他辅佐朕，朕对他的为人很了解，谁再敢诋毁他，朕就治谁的罪!"

上官桀等人还是不甘心失败，他们决定铤而走险。他们让鄂邑长公主出面请霍光喝酒，在暗处埋伏兵马试图杀掉霍光，然后再除掉燕王，废除昭帝，拥立上官桀为帝。

不料，他们的阴谋被稻田使者燕仓知道了，燕仓密报给大司农杨敞，杨敞转告了谏议大夫杜延年，杜延年又奏告昭帝和霍光。昭帝遂令霍光发兵擒杀了上官父子、桑弘羊，随后迫令鄂邑长公主和燕王自杀。

这场政变被成功粉碎，朝廷秩序又恢复了平静。此后，军事大权昭帝仍委任给霍光掌管。霍光虽大权在握，但绝不专权跋扈，君臣相处得很好。而在用人、处事上能够察奸识伪，也足以体现出昭帝的英明。

分辨是非者明，依法行事者威。身为领导者只有分清善恶忠奸，才能使身边有正义开明的风气，如此一来，小人就没有了立足之地。没有小人制造混乱且法制严明的国家，怎么会不强大呢？因此，明辨是非、依法度行事才是治国之本。

尹翁归杀一儆百

尹翁归，字子兄（音况），河东平阳（今山西临汾）人。他是西汉时代一位干练而又廉洁的官吏。

尹翁归幼年丧父，依靠着叔父过活。成年后他当了一名小狱吏，通晓文法，又练得一手好剑术。当时大将军霍光掌握朝政，奴客仗势妄为，经常携带着兵器在街上捣乱，官吏们对他们无可奈何。后来尹翁归当了市吏，法治严明，吓得这些不法之徒都老老实实，不敢乱动。尹翁归为官清廉公正，谁送礼也不收，那些市井无赖之徒都很怕他。

田延年任河东太守时，有一次巡行各县，到平阳后，要面见县中文武官吏。他让文吏站在东面，武吏站在西面。五六十个官吏都起身就位，唯独尹翁归仍然跪着不起，说："翁归文武皆备，愿听驱使。"田延年左右的从吏认为尹翁归过于傲慢，可是田延年却不以为然，叫尹翁归起来，提出问题让他回答。尹翁归应对如流，田延年暗暗称奇，当即任命他为卒吏，带回府舍。后来见他处理问题精明强干，诛锄豪强有胆略，对他更加敬重，甚至觉得自己的才能不及尹翁归，便提升尹翁归担任督邮职务。当时河东郡二十八县分为汾北、汾南两部。尹翁归督察汾南。他执法无私，对属县中一些犯了法的官吏都严加惩处。那些受到惩处的官吏自知是罪有应得，也没有怨言。田延年被选入朝中担任大司农后，尹翁归随之提升为都内令和弘农都尉。不久又征拜为东海太守。

出守东海前，他想到廷尉于定国是东海人，便去向于定国辞行，顺便了解些东海民风。正巧于定国有两个老乡的孩子，想托尹翁归带去，给安排个差事。他让两个孩子坐在后堂等着拜见尹翁归。可是，他和尹翁归交谈了一整天，也没有敢提起此事。送走尹翁归后，他对两个孩子说："尹翁归是当今贤吏，为人刚正，廉洁奉公，不便以私相托。而且你们两个人也不能任事，我就更不好启齿相求了。"

尹翁归到东海上任后，首先细心查访民间诉讼，把官吏和百姓中的好人、坏人，以及各种违法事情都了解得清清楚楚，分县做了记载。然后亲自决断，一个县一个县地把犯罪的人都抓捕起来，根据罪的轻重，依法论处，该判死罪的坚决处死，以求杀一儆百、改善社会风尚。东海郯县有个大土豪叫许仲孙，目无法纪，称霸一隅，使附近的老百姓吃尽了苦头，历届的太守对他都无可奈何。尹翁归到任后，毫不犹豫地将他判处了死刑。这一举动对全郡震动极大。从此，东海一带法治严明，秩序井然。

汉宣帝选用良吏，入朝治事，看到尹翁归政绩卓著，便提拔他担任右扶风。尹翁归到职后，选拔重用了一些清廉严明的官吏。同时，采用在东海时的办法，分县设立各种罪犯的名籍。一有盗窃案件，他就把那里的县官叫来，将主犯的名字告诉他，让他用类推法去追查罪犯的行踪。追查结果，往往正合尹翁归的推断。尹翁归把惩处不法豪强视作当务之急。豪强一旦治罪，即交给掌管畜牧的官，令其给牲畜割草，并规定时间和数量，不准别人替代，完不成定额就加重惩处。有的豪强受不了这苦，就只好自杀。他就是这样以严酷的刑法威震京师，使扶风很快出现了大治的局面。由于他治盗有方，被称为三辅中的第一贤能。

尹翁归于前62年病卒。他生前为官清廉，死后家无余财。汉宣帝对他的早逝深表痛惜，制诏赏赐其子黄金百斤，以奉其祠祭。尹翁归的三个儿子后来也都当了郡守。

法纪严明正君威

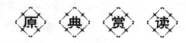

【原文】

上舍公法而听私说，故群臣百姓皆设私立方以教于国，群党比周以立其私，请谒任举以乱公法。人用其心以幸于上，上无度量以禁之。是以私说日益，而公法日损，国之不治，从此产矣。

——《管子·任法》

【译文】

君主舍弃公法而听信私说，那么群臣百姓都将根据私欲建立学说，在国内宣扬，勾结朋党来建立私人势力，请托保举私人来扰乱公法，用尽心机去骗取君主的宠信。君主如果没有法度来禁止这类行为，那么私说就会一天天地增多，公法将被一天天地削弱，国家的混乱也就从此产生了。

家范箴言

在中国历史上，很多亡国之君都是因为听信了小人谗言而祸国殃民乃至失掉江山的；或是因为奸臣乱党当道，蒙蔽了君王的视听，从而忠良遭到迫害，奸臣肆意为非作歹，使得国家大乱，外敌乘虚而入，内忧外患相加，走上亡国之路；或者是君王贪图女色，因为女人而误了大事，最终因爱美人而失了江山……

但凡称得上一代明君的，都能够使法纪严明，照章办事而不徇私情，这正是受到万民景仰、国泰民安的根本。

谗言好似一剂慢性毒药，昏君遇到它会越来越迷恋它的味道，明君却能一眼辨出它害人的本质而抵制它。

家风故事

英明的秦武王

前308年，秦武王派甘茂攻打韩国的宜阳，甘茂担心自己不在都城时，会遭小人诬陷诽谤，于是对武王说道："春秋末年的时候，孔子有一位得意的弟子名叫曾参。曾参一向严于律己、奉公守法。以前，曾参住在费地的时候，鲁国也有个叫曾参的，他杀了人然后逃跑了，官府正在追捕。大街小巷都传遍了，说曾参杀人了。

"有一个人听后，急忙跑到曾参家里，刚好曾参外出不在家中，那个人就告诉曾参的母亲说曾参杀人了。他母亲听后微微一笑，不紧不慢地说：'我儿子才不会杀人呢。'说完又继续织布。儿子是她辛辛苦苦养大的，他的脾气、秉性母亲完全了解，她根本不相信这个谣传。另一个人又跑来说，曾参杀了人，他母亲依然镇定自如，依旧纺织手里的布。过了一会儿，第三个人跑来对她说曾参杀了人，这一回她不得不相信这是真的了。她立刻扔下手中的梭子，离开织布机逃走了。就在她逃走的路上，碰见了她的儿子，才明白了事情的真相。"

他继续说道："以曾参的贤明，加上母亲对他的信任，三个人的谣传就让他母亲信以为真了。现在臣的贤能，远不如曾参，大王对我的信任，又不比曾参的母亲，忌恨臣的又不止三个人。臣恐怕大王也像曾参的母亲那样对我产生怀疑。"

武王听了点头说道："寡人明白你的用意了，我决不会听信他们的谗言，你就放心吧。"后来，甘茂与武王在息壤立下盟誓。

秦武王英明，能够做到不信谣言，但毕竟是众口铄金，一件事说的人多了，假的也就变成真的了，可见甘茂的担忧并不是没有必要的，如果他遇到的不是秦武王，可能结局就完全不同了。

真假不分晋献公

前 660 年，晋献公打败了西方一个叫骊戎的部落。骊戎大败后，便进献了一美女名骊姬。骊姬的相貌可称得上沉鱼落雁、闭月羞花。晋献公非常宠爱她，对她也是言听计从，后来竟立她为夫人。

但骊姬却时时刻刻不能忘记自己部落被打败的耻辱，一心想着为骊戎报仇。当然这不是立刻就可以做到的，需要长远地谋划才可以办到。

当时晋献公已经年老体衰，骊姬的第一步计划就是让自己的亲生儿子奚齐被立为嗣君，以便日后可以将晋国顺利地掌握在手中。可是在奚齐前面，晋献公有好几个儿子，而且还立了申生为嗣君。为了达到目的，骊姬就想方设法要除掉申生，为此她设下了一个圈套。

当时申生不在宫中，骊姬让晋献公将他召回都城，设宴款待，饮宴时骊姬频繁地向申生劝酒，还不断地夸赞申生的品行，同时还要申生善待弟弟奚齐。申生非常尊重这位后娘，连声答应，晋献公见他们相处如此融洽，也很开心。

饮宴结束时，骊姬悄悄地邀请申生明日陪她去后花园赏花。申生心里不愿意，可见后娘如此盛情，又不好推辞，转念一想，光天化日之下，也没有什么关系，于是就同意了。

第二天，申生如约而至。他和骊姬边走边赏花，申生始终与骊姬保持一定的距离。走着走着，突然飞来了一群蜜蜂，围着骊姬不停地飞。骊姬显得很惊慌，忙喊申生为她驱赶蜜蜂。申生怕后娘被蜜蜂蜇到，自己承担不了罪过，便走过去用宽大的衣袖为她驱赶。眼前发生的一切被藏在假山后面的晋献公看见了，他老眼昏花，以为申生对骊姬不轨，便出来阻止。骊姬顺势跪到晋献公面前，诬蔑申生想要非礼她。

原来，骊姬早上梳妆时，在衣服和头发上抹了些蜂蜜，故意引来了蜜蜂。但申生为人忠厚老实，有口难辩，何况晋献公只相信骊姬的一面之词，从此晋献公便有废去申生嗣君之意。

骊姬没有停止对申生的陷害。后来，她又在申生准备进献的祭肉中做了手脚，当晋献公刚要吃祭肉的时候，骊姬让人找来了一条狗，将祭肉扔给它，狗吃下去立即中毒而死。骊姬利用此事大做文章，说申生想毒死晋献公。晋献公派人捉拿申生，申生无法自辩，悲愤地自尽了。

接着，骊姬又想尽一切办法陷害晋献公的其他几个儿子，迫使他们逃亡出国，终于让她的儿子当上了嗣君。从此，晋国陷入了长达20多年的混乱之中。

晋献公做事糊涂，不顾事实而一味轻信小人的做法是为君者的大忌。这种生活在小人圈中的君王，最终肯定要落个身败名裂的下场。

听信谗言就会是非颠倒、冤枉无辜；不严明法纪就无法治军，不能立威。这糊涂、无威之君如何治理好一个国家呢？因此，身为国君，就应该不听信谗言、法纪严明以正君威。

第七章

中规中矩：以身作则树榜样

树立权威使政令通行

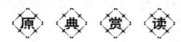

【原文】

令重于宝，社稷先于亲戚，法重于民，威权贵于爵禄。故不为重宝轻号令，不为亲戚后社稷，不为爱民枉法律，不为爵禄分威权。

——《管子·法法》

【译文】

政令重于珍宝，社稷的地位先于亲戚，法律重于人民，威权贵于爵禄。所以，不可以因为珍宝而轻视了号令，不可以因为亲戚而把社稷放在次要位置，不可以因为爱民而曲解了法律，不可以因为爵禄而分散了威权。

家 范 箴 言

管子在此强调了君王权威的重要性，君王的权威是国家政令得以贯彻落实的前提。管子认为统治者是不能没有权威的，统治者一旦失去应有的权威和地位，就会沦落到受臣下控制和欺凌的地步，这就是大权旁落的凄惨下场。

无数事实也证明了管子的这一观点。对于为官者来说，在属下面前必须树立起该有的权威，这样才能驾驭他人，使他人甘心服从指挥和调遣，这也是为官者与属下之间千古不变的规则。

陈毅主持制定《入城守则》

新中国成立前夕，在中共七届二中全会上，决定党的工作重心要由乡村转向城市，人民解放军打过长江后，要做好解放南京、上海的准备工作。不久，又确定上海解放后由第三野战军司令员陈毅担任市长。

为了顺利地解放上海和很好地接管上海，陈毅在江苏丹阳的总前委驻地多次召开干部会议，反复强调要加强入城部队的纪律教育。他还考虑，应该制定一个《入城守则》，以此来统一部队的行动。

有一天，陈毅找了几个干部，一起研究《入城守则》中应该包括哪些条款。

在研究过程中，有位干部提出："入城部队要搞好军民团结，住在市民家里一定要做好卫生保洁工作。"

这时，陈毅插话说："部队进城后住在哪里？这个问题应该很好地研究一下。依我看，入城部队住在市民家里是不合适的。"

过了几天，陈毅又把那几个干部召集到一起说："昨天晚上我看了一本史书，其中有军队不入民宅的记载。我看，在我们制定的《入城守则》中，一定要写上'入城部队在未找到营房之前，一律睡马路'这一条。"

多数干部都同意陈毅的意见。可有位干部却说："我们的部队打了几十年仗，过去在农村每到一地都是住在老百姓的空闲房子里。上门板、捆铺草，担水扫院子，军民关系搞得很好，为什么到了大上海就要睡马路？"

陈毅解释说："上海和农村不一样。上海是中国和亚洲最大的城市。这里长期被帝国主义和国民党的势力所统治。市民群众对解放军还不了解，住在一起是会引起纠纷和误会的。为了获得上海市民的信任和支持，我们的部队一定要做到进城不扰民，宿街不入户，用鲜明的纪律作为送给上海市民的见面礼。"

听了陈毅说的这一番话，大家的意见都一致了。于是，在《入城守则》中列入了部队"不入民宅"的规定。

1949 年 5 月 24 日，解放军攻入上海市区。当时正下着蒙蒙细雨，可是入夜后，解放军指战员却露宿在高屋华厦的屋檐之下。

第二天天亮后，市民们走出家门，看到身穿土布制服的解放军指战员已经起"床"了。他们洗漱之后就吃早饭，吃的是冷馒头和咸菜。市民们见此情景十分感动，赶快从家里拿来面包、热包子和白开水，让解放军指战员食用，但都被婉言谢绝了。

很快，解放军遵守《入城守则》，"露宿街头"的消息传遍了全上海。市民们从心里感到解放军是真正的人民子弟兵，于是纷纷涌上街头，热烈地欢迎解放军。

解放军通过遵守由陈毅主持制定的《入城守则》，为顺利接管上海打下了良好的基础。

董家龙规定"三不准"

在两万五千里长征中，红二方面军某师卫生部长董家龙领队卫生兵路经西康（当时的一个行省，新中国成立后撤销），在一个称作"波巴"的村子里作短期休整。

波巴住的都是藏民，总共有 800 多户。但是红军初来时，村里却空无一人。每家每户的房前除了一堆供烧饭用的干牛粪外，屋里屋外一无所有。董部长领着警卫员在村里转了一圈，发现许多人家的门楣上挂着避邪的红布条，门板上贴着黄纸佛像。他找来个通司（翻译）一打听，才知道这一带许多人家都有夹墙和地窖，凡是粮食和值钱的衣物都被"坚壁"起来了。显然，这里的藏民对红军是有疑惧的。

而对这种状况，董部长认为：只有用红军遵守群众纪律的实际行动，才能消除藏民的疑惧，使藏民积极行动起来支援红军。于是他立即召集大家开会，明确宣布了"三不准"的规定。即一不准进藏民的家；二不准动用藏民的东西；三不准撕毁藏民门上贴的佛像和挂着的红布条。

遵照董部长规定的"三不准"，当晚红军围着篝火露宿街头。尽管部队早已断粮，这几天只靠野菜、草根和煮牛皮带充饥，也没有谁进藏民家中寻找食物。

第二天，董部长分配几个同志在村中刷写标语，宣传红军的纪律和共产党的主张。还组织了个宣传队，由通司陪同到附近的山沟里向可能有藏民躲藏的地方喊话，劝藏民回村居住。

最初几天是一无所获的。但是到了第四天，突然有个藏民进村要见红军的"长官"。董部长经过谈话才知道这个藏民就是波巴的小头人。波巴村的乡亲就是由他领着到野外藏匿起来的。

小头人对董部长说："我原来听说红军是乱抢乱杀的"恶魔"，就把乡亲们领出去躲起来了。昨晚派人偷偷进村察看，回去说红军是在街头露宿的，我有点不信，所以今天特地回来看看。"

董部长热情地对小头人说："红军是各族人民的子弟兵，是爱民的，绝不会扰民。请乡亲们尽快地回村来住吧。"

小头人说："为了证实您讲的是真话，能让我在村里到处走走吗?"

董部长答应了他的要求。

小头人在村里看到红军刷写的大标语，让通司把内容翻译了一遍，听后高兴地连连点头。他见各家各屋门上贴的佛像和挂着的红布条完好无损，更是乐得合不拢嘴。打开他家屋里的夹墙，又揭开地窖一看，只见里面放的青稞、酥油、茶叶、衣物不缺不少，笑得更爽朗了。像红军这样秋毫无犯的部队，他还没有见过呢!

小头人赶忙骑马进山，把村里的藏民都叫回来迎接红军，让红军战士住进了藏民们空闲的房子里。军民融洽，欢声满村。

傍晚，小头人领着村里的藏民，捧着洁白的哈达，背着一篓篓青稞面、熟肉和酥油，赶着几十只活羊要作为礼物送给红军，董部长接过哈达，却婉言退回了礼物。后来，藏民们知道了董部长规定的"三不准"，都深受感动。于是决定将礼物由红军作价付款。又根据公平买卖的原则，波巴的藏民为红军提供了一批长征路上必备的物品。

董部长率领的这支红军卫生兵在波巴休整了十多天。临走时，小头人领着全村的藏民夹道相送，军民难舍难分。

上下贵贱皆从法

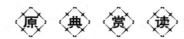

【原文】

君臣上下贵贱皆发焉，故曰法。古之法也，世无请谒任举之人，无闲识博学辩说之士，无伟服，无奇行，皆囊于法以事其主。

——《管子·任法》

【译文】

君臣上下贵贱都要依法行事，所以叫作"法"。古代的法制，社会上没有私自请托保举的人，也没有闲置多识、博学和善辩的人，没有奇异的服饰，没有怪异的行为，所有的人都被规范限定到法的范围里为君主服务。

家范箴言

管子再次强调了法的重要性，认为不论是君是臣，不论地位高低，也不论身份贵贱，都应该依据法律办事，即法律面前人人平等。

管子认为任何人都不能凌驾于法律之上，强调执法必严，执法公正，决不允许徇私枉法。这句名言在今天对于维护法律的尊严，制止徇私枉法的行为，依然具有积极意义。

法律的制定固然重要，但如果有法不依，做不到执法公正，那么法律就只是一纸空文。如果法律只对一般人起作用，而对某些人则失去其强制性和约束力，那么就会造成民心惶惑，无所适从，最终导致法制混乱。

不畏强权杀恶奴

东汉光武帝时期，天下初定，治安情况还很不好，京都洛阳又是全国最难治理的地方，聚居在城内的皇亲国戚、功臣显贵常常纵容自家的子弟和奴仆横行街市，无恶不作。朝廷接连换了几任洛阳令，还是控制不住局面。董宣是当时有名的酷吏，处理社会治安方面的才能也很显著，于是，光武帝刘秀决定任命年已 69 岁的董宣做洛阳令。

湖阳公主是光武帝刘秀的姐姐。这位公主仗着自己和皇帝的姐弟关系，豢养了一帮凶狠的家奴，在京城里作威作福，为非作歹，横行无忌。有一天，公主的家奴在街上杀了人，董宣立即下令逮捕他。可是，这个恶奴却躲进了湖阳公主的府第里不肯出来，而地方官又不能到这个禁地去搜捕，董宣就派人监视湖阳公主的住宅，下令只要那个杀人犯一出来，就设法抓住他。

过了几天，湖阳公主以为新来的洛阳令只不过是故作姿态、虚张声势而已。于是有一天，湖阳公主就带着这个杀人恶奴出行，刚走到大街上就被董宣派出去的人发现，派出去的小吏立即回来向董宣报告说，那个杀人犯跟着公主的车马队伍走，无法下手。董宣一听，立即带人赶到城内的夏兰亭，拦住了公主的车马。湖阳公主坐在车上，看到这个拦路的白胡子老头如此无礼，便傲慢地问道："你是什么人？敢带人拦住我的车驾！"

董宣上前施礼，说："我是洛阳令董宣，请公主交出杀人犯！"

那个恶奴在车马队伍里看到形势不妙，就赶紧爬进公主的车子里，躲在公主的身后。湖阳公主一听董宣向她要人，仰起脸，满不在乎地说："你有几个脑袋，敢拦住我的车马抓人？你的胆子也太大了吧！"

可是，她万万没有料到，眼前这位小小的洛阳令竟然怒气冲天，双目圆睁，猛地从腰间拔出剑向地下一划，厉声责问她身为皇亲，为什么不守国法？湖阳公主一下子被这凛然的气势镇住了，目瞪口呆，不知所措。董宣又义正词严地说："王子犯了法，也得与老百姓一样治罪，何况是你的一个家奴呢？我身为洛阳令，就要为洛阳的众百姓做主，决不允许任何罪犯逍遥法外!"董宣一声喝令,洛阳府的吏卒一拥而上,把那个作恶多端、杀害无辜的凶犯从公主的车上拖了下来,就地砍了脑袋。湖阳公主感到自己蒙受了奇耻大辱,气得脸色发紫,浑身打战,丢了个奴仆,她倒并不十分痛心,可是在这洛阳城的大街上丢了这么大的面子,怎么能咽下这口气?她顾不得和董宣争执,掉转车头,便直奔皇宫而去。湖阳公主一见到刘秀,又是哭又是闹,非让刘秀杀了董宣,替她出这口恶气不可。光武帝听了姐姐的一番哭诉,不禁怒形于色。他感到董宣如此蔑视公主,这不等于也没把他这个皇帝放在眼里吗?想到这里,便喝道:"快把那个董宣捉来,我要当着公主的面把他乱棍打死!"

董宣被捉来带上殿后,他对光武帝叩头说:"请允许我先说一句话,然后再处死我吧!"光武帝十分愤怒,便说:"你死到临头了,还有什么话说?"

董宣这时声泪俱下,却又十分严肃地说:"托陛下的圣明,才使汉室再次出现中兴的喜人局面。没想到今天皇上却听任皇亲的家奴滥杀无辜,残害百姓!有人想使汉室江山长治久安,严肃法纪,抑制豪强,却要落得个乱棍打死的下场。我真不明白,你口口声声说要用文教和法律来治理国家,现在陛下的亲族在京城纵奴杀人,陛下不但不加以管教,反而将按法律执法的臣下置于死地,那么国家的法律还有何用?陛下的江山还能用什么办法来治理?要我死容易,用不着棍棒捶打,我自寻一死就是了。"说着便一头向旁边的殿柱上撞去,碰得满头满脸都是血。光武帝也不是个糊涂的君主,他被董宣那一番理直气壮的忠言,以及刚正不阿、严格执法的行为,深深地打动了。他又惊又悔,赶紧令卫士把董宣扶住,给他包扎伤口,然后说:"念你为国家着想,朕就不再治你的罪了。不过,你总得给公主一点面子,给她磕个头,赔个不是呀。"董宣理直气壮地说:"我没有错,也无礼可赔!因此,这个头不能磕!"

光武帝只好向两个小太监使了个眼色,示意他们把董宣搀扶到公主面前磕头谢罪。

两个小太监立即照办。这时,年近70的董宣用两只胳膊支撑着地,梗着脖子,怎么也不肯磕头认罪。两个小太监使劲往下按他的脖子,却怎么也按不动。

湖阳公主自知理亏，却仍耿耿于怀，不出这口气心里憋得慌，她又冷笑着向光武帝说："文叔（光武帝的字）当老百姓的时候，常常在家里窝藏逃亡的罪犯，根本不把官府放在眼里。现在当了皇帝，怎么反而连个小小的洛阳令都驾驭不了呢？我真替你脸红！"

光武帝的回答也很巧妙，他笑着说："正因为我当了一国之君，才应该律己从严，严格执法，而不能像过去做平民时那样办事了，你说对不对呀？"光武帝转过脸又对董宣说："你这个强项令，脖子可真够硬的，还不快点退下去！"

赏罚严明树君威

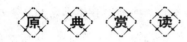

【原文】

宪律制度必法道，号令必著明，赏罚信必，此正民之经也。

——《管子·法法》

【译文】

宪令法律制度都必须符合法制的道理，号令必须显明，赏罚必须信守承诺，这是端正人民的法则。

家范箴言

管子认为，如果没有明确的法令制度，人民就会无所适从，坏人就会起来作乱；如果对有功劳的人不给予赏赐，人民就会不再全心全意为国效力；如果对犯法的人不进行处罚，人民就会不再相信服从法津。因此，国家必须法令明确，赏罚严明。这与我们今天强调的"有法可依，有法必依，执法必严，违法必究"是一致的。

家 风 故 事

孙武演兵斩姬

春秋时期，吴王阖闾为了争夺霸主地位，迫切需要拜请一位能够领兵作战的将军。恰在这时，他得到了孙武写的《兵法》13篇，读完之后十分着迷。于是，派人把孙武请进王宫，很客气地说："您的《兵法》我已读过了，其中的见解很精辟，能不能实际演示演示呢？"

孙武回答说："行呀，不论男的女的，经过我列阵演练，都可以成为勇武善战的好兵。"

"从未见过战阵的娇弱女子，您也能训练成为好兵吗？"吴王问。

"能!"孙武斩钉截铁地回答。

这一天，吴王把180名宫女交给孙武训练。他想考察一下孙武的实际指挥能力，就坐在演练场旁边的高台上观看。

孙武在操练时，先让每个宫女手持一支戟，把她们分作左右两队，分别指定吴王的两个宠姬担任队长。接着问她们是否知道自己的心、背和左右手的位置。众宫女回答："知道。"她们也好奇地想看看孙武究竟要怎样操练。

只听孙武严肃地说："现在由我擂鼓发令。令向前，就朝着心所对的方向进击；令向左，就沿着左手的方向出击；令向右，就沿着右手的方向出击；令向后，就转过身向着背的方向后退。你们能做到吗？"众宫女说："能。"孙武又强调指出："如果有人不听从军令，就依法斩首。"

众宫女平时只会唱歌跳舞，哪里晓得军法的厉害。尤其是那两个队长，仗着吴王的宠爱，根本没有把孙武放在眼里。因此，当孙武发出军令后，鼓声咚咚，令旗挥舞，众宫女不但没有依令进退，反而嘻嘻哈哈笑个不停，把队形都搞乱了。

见此情状，孙武没有动怒。他说："大家第一次参加操练，有不明白的地方，是我没有讲解清楚。"他把军令和操练要求又反复地向宫女们做了讲解，再次强调："如果有人不听从军令，是一定要斩首的。"

把宫女们的队形整理好后，孙武再次下令击鼓向左进击。

众宫女还是嘻嘻哈哈，两个队长依然笑得前仰后合。队形又被搞乱了。

这时孙武威严地宣布："我把军令和操练要求已经讲明，可是队长却带头不听军令，依法应当斩首。"于是他下令把充任队长的两个吴王宠姬绑了起来。

坐在高台上的吴王阖闾听后大吃一惊，赶忙派人传旨要求赦免二姬。孙武断然回答："现在我是主将，将在外，君命有所不受。"在他的坚持下，两个宠姬被斩首示众。

众宫女见孙武执法如山，操练时再也不敢怠慢。一会儿鼓声又起，令旗挥舞。众宫女奇迹般地排列成了一支步调整齐的队伍：前后左右，躺倒起立，即便在泥泞的草地上，也是按照将令进退起止，完全符合要求，一点差错也没有。嘻嘻哈哈的笑声更是听不到了。

孙武显示了他的治军才能。吴王阖闾尽管心疼他的宠姬，但更庆幸发现了一位很有气魄和胆识的将才。于是他正式任命孙武为大将军。

赏罚分明的宋太祖

宋太祖为政时期，无论是率兵征伐还是治国安民，都强调信赏必罚，并且说到做到。他曾经发布诏令说："国家慎重选贤用才，参加国家大事的管理。钱、财、物等权力集中的职位尤其重要。已经被选拔任用的官员，应各自竭力诚心，尽职尽责。每年年终时都要考核官员的政绩，赏罚的规定是一定要实行的。没有功劳或是不能胜任的就要罢免或辞退，有功劳的则要分别给予奖赏。"

平灭后蜀之后，宋太祖对攻蜀将领进行评价奖罚。大部分将领虽然平定后蜀有功，但并没有按照宋太祖事先要求的去做，在安定后蜀百姓方面留下了许多隐患。只有曹彬统率的水路军队，严格执行宋太祖的命令，对百姓秋毫无犯，军纪肃然。因此，宋太祖对独保清廉本色的曹彬大加封赏，封他为宣徽南院使、义成节度使。曹彬看到其他诸将都受到斥责，而只有他一人受到奖赏，便到朝廷辞谢说："征讨后蜀的将领都获罪，唯独我受奖赏，心中实在不安。我思来想去，不敢接受陛下的封赏。"宋太祖回答说："你有功无过，又不骄傲自大，连王仁赡都说'清廉畏谨，不负陛下任使者，惟曹彬一人耳'，如果你真的犯有一点过失，他难道会替你隐瞒吗？惩恶劝善，赏功罚罪，是国家必须执行的法令，你就不必推辞了。"

同时，宋太祖还对王全斌等人违抗圣命、掠夺人口财货、杀戮降兵、私开府库等罪状严加审查。经文武百官议定，王全斌等人罪当大辟。但太祖考虑到他们虽犯有重罪，但在平蜀过程中也立有大功，本着将功抵过的原则，特地对他们从宽处理。王全斌被贬为崇义军节度观察留后，崔彦进被贬为昭化军节度观察留后，王仁赡被贬为右卫大将军。

为了求得永远的和平安宁，宋太祖还用赏赐的办法，鼓励百官上疏直谏。公元 972 年，宋太祖下诏："凡官绅、儒士、贤才等一切平常熟知治河的有识之士，或懂得疏导之法的实干之才，可写奏折上书，经驿站送至京城。朕当亲自阅览，采用他们好的建议。凡上书建议被采纳的人，将分别给予不同的奖赏。"

把握住刑罚的尺度，当严则严，当轻则轻，是宋太祖处世的又一原则。967 年，禁军将领吕翰率众谋反，有人揭发说禁军中大多数人都参加了这一叛乱，请求将他们及其妻子、儿女一起处以极刑。宋太祖刚开始既震惊又愤怒，决心严惩谋逆之人，但转念一想，此案牵涉人员过多，如果举报不实，岂不枉杀大批的无辜。经过慎重考虑，宋太祖召来检校太傅李崇矩商讨。李崇矩认为，叛乱是不赦之罪，应该杀掉，但是这样一来，该杀的人有一万多人，也未免太多了。宋太祖说："我认为这其中绝大多数人是被迫的，谋反并非他们的本意，他们其实并不想谋反。"于是，宋太祖当机立断下诏免除所有参与叛乱之人的罪，声明只追究为首者的责任。如此一来，立即在叛军中产生巨大反响，被胁迫参加叛乱的将士被宋太祖的宽厚行为所感动，纷纷脱离吕翰，重新回到宋太祖阵营。吕翰众叛亲离，不久便被平定。

对待犯有重大过错的官员，宋太祖一般不会轻易宽宥。《宋史》称，开国之初，一些武将功臣贪赃遇赦，经过一段时间后仍然可以被升迁。宋太祖发现这种情况后非常生气，说："这样做，怎么能够惩戒贪吏呢？"于是下诏重新修改法令。新的法令规定：即使大赦之时，十恶之罪、官吏受赃罪等不予赦免。

对于既有功又有过的大臣，宋太祖赏其功，罚其过，尽量做到公正公平。

建隆四年（963年）三月，宋太祖授命军校尹勋督民夫疏浚五丈河。尹勋本是个很负责的军校，但处事浮躁，缺少经验，对"度"的把握不够，结果对民夫督责过严，导致陈留的民夫夜间逃跑了不少。尹勋没有请示上级，就亲自率兵去将逃跑的民夫全部捕获，而后又将带头逃跑的10名队长斩杀，将70余名逃夫的耳朵割掉，以示严惩。

　　尹勋的这种残暴行为引起公愤，很多疏浚河道的民夫到京中上诉要求严办尹勋。兵部尚书李涛气愤不过，抱病上奏，力请宋太祖斩杀尹勋以平民愤。李涛的家人担心他的病会加重，极力劝阻他不要管这件事，李涛断然说道："我身为兵部尚书，知军校无辜杀人，岂有不论？"

　　宋太祖非常赞赏李涛的作为，对他慰勉有加，又委任他为督疏浚河官，对被害民夫予以抚恤。但他认为尹勋是忠事朝廷，并无私情，只宜薄责，不宜处以极刑，于是降尹勋为许州团练使而了事。

　　宋太祖赞赏李涛，慰勉有加，便是以轻诺相许，而未对肇事人尹勋给予重责，必将受到李涛的不信任。宋太祖宁受寡信而不多杀一人，真可谓"圣人犹难之，最终无难"。

　　《宋史》赞曰："宋初诸将，率奋自草野，出身戎行，虽盗贼无赖，亦厕其间，与屠狗贩缯者何以异哉？及见于用，皆能卓卓自树，由御之得其道也。"按照《宋史》此论，驾驭宋初出身于草野戎行的军中将领，甚至包括盗贼无赖、屠狗贩缯者在内的乌合之众，是"非圣人不能为之"的事，宋太祖虽非圣人，然而却本着一颗真诚之心，通过种种难为的手段，将之整饬为一支训练有素、战无不克的军队，可见他的用人谋略之高明。

　　正因为宋太祖坚持赏罚分明的治国、治军方法，宋太祖得到了有功之臣的忠心辅佐，也有效地防止了不法之臣的作乱。他的军队纪律严明，具有强大的战斗力。

第七章——中规中矩：以身作则树榜样

以身守法百姓从

【原文】

禁胜于身，则令行于民。

——《管子·法法》

【译文】

用法制约束君主自身，即要求人君以身作则，率先服从法律禁令，那么老百姓就没有不奉公守法的了。

家 范 箴 言

管子不仅强调立法，重视法律本身，而且还强调执法，重视法律的执行问题。他认为国君如果以身作则，率先遵守国家的法律，那么老百姓就会自觉守法，法律就很容易在国家施行。在法律的执行中，国君的表率作用十分重要。

"其身正，不令则行；其身不正，虽令不从。"君主制定法律、树立礼仪，首先要自觉遵守，以身作则。如果君主不以身作则，下面的老百姓就不会服从，如果老百姓不服从国家的法律，那么国家就会产生混乱。所以历代思想家都强调君主在遵守法律方面要起到表率作用。

家 风 故 事

曹操割发自罚

东汉末年，曹操把汉献帝迎到许昌，自己当了总理军国大事的丞相。他为了消灭拥兵自重的各路军阀，把混乱的中国统一起来，常常亲自领兵东征西讨。

建安三年（198 年）四月，曹操又自统大军出征。他在路上看见已经成熟的小麦长势很好，田野里到处是金灿灿的一片，心里十分高兴。但是他又看到，因为兵连祸结，老百姓逃避在外，麦田里很少有割麦的人。

为了保护已经成熟的小麦，曹操传令全军："现在小麦已经到了收割季节，全军将士无论是谁都不许践踏麦田，损坏庄稼。违令者一律处以死刑。"同时，他又派人遍告沿途父老：请人家不要惊疑，要抓紧时间把小麦收割回去。众百姓听了无不欢喜称颂。

曹操率领的军队在浩浩荡荡地前进，突然有个小校骑的马儿把头一歪，就势啃了一口路旁地里的小麦，军法官立即把小校问了斩刑。此后，大家在行军中每逢遇到麦田，都跳下马来以手扶麦，有的人甚至笼住马头，小心翼翼地走路，谁也不敢糟蹋庄稼。

有一天，曹操骑马正行。忽地一群斑鸠从路旁的树丛中惊起，吱哇吱哇地叫着从曹操的坐骑前一掠而过。那马眼生，受惊后狂奔起来，窜进了一块麦田，踏坏了一片小麦。

当众人把马拦住后，曹操立即把军法官叫来，很认真地说："我不小心让马受了惊吓，把老百姓的麦子踏坏了。我已经犯了军法，请你治罪吧。"说完，就从马上跳了下来。

军法官说："您贵为丞相，怎么能治您的罪呢？况且，马践踏麦田是因为惊吓所致，又不是故意的。"

曹操听了，很生气地说："军法是我制定的，是我宣布的。现在我违犯了军法，不加惩处，如何服众？你不肯治我的罪，我就自刎吧!"

曹操说完，拔出宝剑就要自刎而死。旁边的人手疾眼快，赶忙夺下宝剑，全都跪在地上苦苦哀求："您重任在身，许多事情都等着您去办。怎么能够如此轻生呢？您如果死了，让谁带领我们去打胜仗呢？"

曹操沉吟良久，才叹了口气说："你们讲的也有道理。不过我犯了军法，也不能不受惩罚呀!"

说完，他就从旁边的人手中夺过宝剑，"唰"的一声，用宝剑割下自己的一束头发，掷在地上。然后说："就让我以发代首，割发代罚吧!"

接着，曹操让人把他的头发放在一个小匣子里，传示三军，并宣布说：

第七章

中规中矩：以身作则树榜样

"丞相犯法，本当斩首，今从众将之请，割发代罚。"

全军将士看到丞相如此带头守法，既感动又佩服。于是，军中便没有人再敢违犯军法，军队的纪律更加严明了。

唐太宗下"罪己诏"

唐太宗李世民是唐高祖李渊的次子。隋朝末年，李世民随父李渊起兵灭隋，建立唐王朝。李世民被封为秦王，任尚书令。626 年，李世民发动"玄武门之变"，杀死太子李建成、齐王李元吉，被立为太子。不久，唐高祖李渊让位，称太祖，李世民继皇位，称为唐太宗。

李世民不仅善于纳谏，精于用人，而且他能比较自觉地以国家法律约束自己，一旦发觉自己的做法违背了法律，还能认真进行检讨。

一次，有个叫党仁弘的大将，做广州都督时，贪污了上百万的钱财。这件事被人告发后，主管司法的大理寺，将他依法判成死刑。可是李世民以往很器重党仁弘，认为他是个非常难得的人才，舍不得杀他。于是李世民便下了一道圣旨，取消了大理寺的判决，改成撤销职务流放边疆的处分。处理之后，李世民心里很不安，感到自己出于个人感情，置国家法律于不顾，做得很不应该。于是他把大臣召到金殿上，心情沉痛地向大家检讨说："法律是皇帝按照上天的旨意制定的，皇帝应该带头执行，而不能因为私念，不守法律，失信于民。我因私念袒护党仁弘，赦免了他的死罪，实在是以私心乱国法啊!"

有些大臣正想宽慰李世民几句，但李世民说完以后却当场宣布，为了这件事，他将亲自到京城的南郊去，住草房，吃素食，向上天谢罪三日。

这一下，满朝的大臣都吃惊了，感到李世民为这点事，竟然要这样做，太过分了，于是便纷纷跪下劝阻。丞相房玄龄对李世民说："皇帝是一国之主，生杀大权是皇帝掌握的，陛下何必把这件事看得这样重，内疚自贬到这种程度呢?"

李世民并没有因为大家的劝说、宽慰而原谅自己。他自责地说："正因为皇帝掌握生杀大权，才更应该慎重认真，严格地按照国家法律办事呀。而我却没有听从大理寺依法判决的正确意见，反而不顾法律，一意孤行，这怎么能原谅自己呢?"

　　天快黑了,李世民见大家一直跪在地上阻拦,硬是不让他去郊外,便感慨万分地说:"你们不要跪在地上了,快起来吧。我决定暂时不到郊外向上天谢罪了。但是,一定要下诏书,把自己的罪过公布于天下!"说着就毅然拿起笔来,写了一道"罪己诏"。李世民在"罪己诏"中检查说:"我在处理党仁弘之事上,有三大过错:一是知人不明,错用了党仁弘;二是以私乱法,包庇了党仁弘;三是赏罚不明,处理得不公正。"唐太宗向大臣们宣读之后,立即下令,将他的"罪己诏"向全国的臣民公布。

明法令严惩奸邪之人

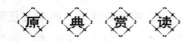

【原文】

　　常令不审,则百匿胜;官爵不审,则奸吏胜;符籍不审,则奸民胜;刑法不审,则盗贼胜。国之四经败,人君泄见危。

——《管子·七法》

【译文】

　　国家的基本法令不严明,朝廷中的各种小人就会得逞;官爵制度不严明,奸邪的官吏就会得逞;户籍制度不严明,奸民就会得逞;刑罚制度不严明,盗贼就会得逞。这样一来,国家的"四经"就会败坏,君主就会陷入危险之中了。

家范箴言

　　管子在此列举了奸邪小人对国家的种种危害,指出奸邪小人的伤害性是不可小瞧的,因而,一定要严惩奸邪小人,也只有这样,才能国泰民安。

　　奸邪小人对于国家来说是大害虫,如果忽略了他们的危害性,国家就一

197

第七章|中规中矩:以身作则树榜样

定会因奸邪小人作乱而混乱不堪。小人的种类繁多，他们存在于各种阶层中，大到朝官、小到百姓，都难免有小人作乱。

每朝每代都会有奸恶之人，他们之所以为所欲为、作威作福，关键是有人在他们背后撑腰。对待这样的人，如果一味地听之任之、不加约束的话，国家迟早会被他们搅乱。既然是关系到国家安定团结的大事，对这帮恶人就应严惩不贷，不给他们任何作恶的机会。

家风故事

不畏权势的丁宝桢

安德海是慈禧太后的贴身宦官，此人贪污受贿、骄横跋扈，在朝中可谓无恶不作，可是因为他有慈禧太后撑腰，没有人敢正面和他作对。

有一次，安德海奉慈禧太后之密诏南下办差。这一路上，安德海在船头挂上彰显高贵的船幡，口称有圣旨密遣，所到之处，他欺男霸女、为所欲为。而沿途的官吏个个害怕他的淫威，都是小心翼翼地侍奉，不敢有任何怠慢。唯有山东巡抚丁宝桢例外，他性情忠厚，刚正不阿，对安德海之流早已恨之入骨。他早就想好了一个主意来对付安德海。

丁宝桢先把安德海已到山东的消息密奏给了同治皇帝。然后，他令骑兵前往泰安把安德海拘捕了。安德海被这突如其来的变故弄得摸不着头脑，他大声喊道："我是奉老佛爷的旨令前来公干，你们这帮不知天高地厚的东西竟然敢抓我，真是吃了豹子胆！"安德海被押到济南，丁宝桢亲自审讯他，安德海一见丁宝桢就破口大骂道："丁宝桢，你别得意得太早，等我向老佛爷禀告此事，我让你死无葬身之地！"

丁宝桢坐在大堂上一脸威严地说："安德海，宦官私自出城，按大清的律例当斩，你可知罪？"

安德海听到这话后气焰便没那么嚣张了，他哆哆嗦嗦地说："我有太后的密旨。"

丁宝桢严厉地喝道："你胡说，我们这些册封的大臣们都没有接到皇上的圣旨，你此次出城必有见不得人的阴谋！"此时，皇上的圣旨正好也到了，丁宝桢便将安德海就地正法了。

　　丁宝桢不畏权势、敢作敢为，为朝廷除去了一个无恶不作的大害虫。这件事告诉我们，对待恶人一定不能心慈手软，严惩奸邪之人以正法制，方可使众人心服，别人才会遵纪守法。

法律政令视时立

【原文】

国准者，视时而立仪。

——《管子·国准》

【译文】

国家法令准则应根据时代的现实变化来确立不同的标准。

家范箴言

　　管子提倡制定国家政策法令应根据时势发展而随时调整，这样才能利于国家经济的发展，促进国家的富强繁荣。管子的这一观点用我们今天的话讲，就是应该与时俱进。适合于时代需要的，君主要积极实行；不适合于时代需要的，君主则坚决放弃。

　　这也是马克思主义哲学中"发展"的观点。无论是国家还是个人，都面临"下一步怎么走"的问题，我们应善于审时度势，根据现实情况及时调整自己的决策与计划。

家 风 故 事

"视时而立仪"的秦始皇

中国历史上第一个皇帝秦始皇，是一个善于"视时而立仪"的楷模。秦始皇，名嬴政，因生在赵国，又取名赵政。他灭亡六国，统一中国，建立了中国历史上第一个统一的中央集权的封建国家。

嬴政元年（前246年），秦庄襄王死，年仅13岁的嬴政即位，由其母临时听政，尊吕不韦为相国，号称"仲父"，朝廷大权落在吕不韦手中。当嬴政22岁那年，按照秦国惯例，国王要举行冠礼，开始亲自主持政务，不料，吕不韦指使嫪毐发动叛乱。秦王嬴政及时平定了这次未遂的政变。嫪毐被处死，吕不韦被罢官，不久畏罪自杀。

秦王嬴政亲政后，在10年之中，以他的雄才大略结束了自西周、春秋、战国以来七八百年的分封割据局面，使中国的政局出现了第一次统一。

秦王嬴政吞并六国、一统天下后，面临的迫切问题是建立一个什么样的封建国家。对于这样一个关系到国家前途命运的重大问题，大臣中存在着很多不同意见。为了统一思想认识，嬴政召开了一次会议，参加会议的有丞相王绾、御史大夫冯劫、廷尉李斯，还有一班博古通今的博士。讨论中，丞相王绾认为应当建立分封制，廷尉李斯反对，主张建立郡县制的中央集权制国家。秦王嬴政从历史中看到分封制的弊端，同意李斯的意见，决定在秦国原来政权的基础上建立中央集权制的国家。会议还讨论了国家元首的称号和权力。讨论结果，大家一致认为，古代"泰皇"称号最为高贵，因此秦王嬴政尊号为"泰皇"。还建议从今以后，改"命"为"制"，改"令"为"诏"，天子自称为"朕"。秦王嬴政决定：去掉"泰"字，保留"皇"字，加上"帝"字，号称"皇帝"。最后又补充决定：废除"谥号"，自称"始皇帝"；规定其后世按数计称为二世、三世，以至于万世。"皇帝"称号的采用，意味着功过三皇，德超五帝。从此，秦王嬴政成为中国历史上的第一个皇帝。随后，他采取了一系列巩固国家政权的措施。

建立中央集权制度。国家的最高统治者是皇帝。皇帝之下设中央政权机构，即"三公九卿"。"三公"是：丞相，为百官之长，是中央机构中的首脑，协助皇帝处理全国的政务；太尉，武官之长，掌管全国的军事；御史大夫，是皇帝的秘书，掌管图书典籍，监察各级官吏。"九卿"是：奉常、郎中令、卫尉、太仆、廷尉、典客、宗正、治粟内史、少府。奉常掌管宗庙祭祀礼仪，兼管皇帝侍从；郎中令负责皇帝的安全保卫工作；卫尉掌管皇宫的警卫部队；太仆掌管皇帝车马；廷尉掌管司法，审理重大案件；典客负责民族事务和外交；宗正掌管皇家的属籍事务；治粟内史掌管税收和财政开支；少府掌管皇宫的修建。"三公九卿"直接对皇帝负责，皇帝对重大事务有最后决断权。这就确立了皇帝一人大权在握，突出了中央集权制的特点。

健全地方各级行政机构。废除分封制，全国各地普遍推行郡、县两级政权机构。全国划分为36郡，到秦末增至40余郡。每郡设有郡守，掌管行政事务，为一郡的最高长官。郡下设县，县下设乡、亭、里。县有县令、县长，是一县最高长官。县万户以上的设县令，万户以下的设县长。从中央到地方，郡县政权的官吏均由皇帝任免，实行俸禄制。这套行政机构，一方面大大加强了对人民的控制，另一方面大大提高了工作效率，为以后历代封建王朝所承袭。

秦始皇的又统一了当时全国的各种制度。秦始皇以秦制为标准，对全国各地区的政治、经济、文化等方面的制度进行改革，从而消除了由于长期封建割据所造成的差异，进一步促进了全国的统一和发展。

首先，统一度量衡。战国时代各国度量衡的大小、长短、轻重不同，单位名称也各异。秦始皇把商鞅制定的度量衡标准推广到全国，公布于天下施行。

其次，统一货币。战国时期各国货币不仅形制不同，而且单位也不相同，有布币、刀币、圆钱、铜币等。有的国家以斤为单位，有的国家以镒为单位。为了有利于统一后的商品交换和经济的交流和发展，秦始皇废除了原有各诸侯国的货币，改用黄金为上币，以镒为单位，圆钱为下币，以半两为单位。

再次，统一文字。战国以前各地区文字写法各不相同，严重影响着文化学术的交流和发展。秦统一六国后，秦始皇命令李斯等人进行文字改革工作，以小篆为基础统一全国文字。同时，还把隶书作为日用文字，便于民间使用。这样，做到了"书同文"，对文化的传播和发展是一个贡献。

最后，统一车轨，促进交通事业的发展。秦始皇规定车宽六尺，全国统一规格。他下令毁掉关塞堡垒阻碍物，修建驰道。以首都咸阳为中心，一条向东直通燕齐旧地，一条向南直达吴楚旧地。这种驰道路基坚固，宽五十步。

秦始皇所采取的统一法律、统一度量衡、统一货币、统一文字、统一车轨等措施，不仅对消除封建割据的影响、巩固统一的政权具有重大意义，而且对于促进全国经济、文化的联系和发展具有积极作用。

秦始皇顺应历史潮流，统一中国，建立中央集权制，对中华民族历史的发展做出了重大贡献。虽然他在历史上以滥征徭役、严刑酷法等闻名，但他"视时而立仪"的做法确实体现了千古一帝的伟大气魄。今天，改革开放不断深化，新情况、新问题层出不穷，每个人都面临着新机遇、新发展，我们更需要这种"视时而立仪"的做法。

公正执法的包拯

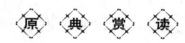

【原文】

后世子孙仕宦，有犯赃滥者，不得放归本家；亡殁之后，不得葬于大茔之中。不从吾志，非吾子孙。仰工刊石，竖于堂屋东壁，以诏后世。

——宋·包拯《家训》

【译文】

后代子孙任朝廷命官，如果有犯贪污及以权谋私之罪的，在生不能让他们回归家族，死后也不能让他们的尸骨归葬祖坟。不遵从我的志向的，都不是我的子孙。切望把这句话请工匠刊刻于石上，竖立在堂屋东壁，以此告诉后世。

家范箴言

包拯是我国古代清官的典型代表。他把法制视为超越皇戚权贵和骨肉亲情之上的最高主宰，并以毕其一生的廉洁奉公、铁面无私的从政历程创造了古代中国法治精神的最高峰。从他对子孙中的贪官发出生不归族、死难安葬的禁令可以看出：他不仅把执法如山、铁面无私的精神坚守到生命最后一刻，而且还希望通过后世子孙不断发扬光大，造福于身后的世界。这是一个用生命与腐败决战到底的古代官员，他的形象引起了华夏子孙经久不衰的尊敬和爱戴，铸成了中国古代官员执法精神的一座丰碑。这个丰碑至今仍然矗立在每个人心中。

家风故事

包拯巧治惠民河

宋仁宗皇祐年间，一场暴雨冲击着开封城。城里一条小河的河床被冲垮，河水无情地外溢，淹没了两岸的房屋和田地。一时间，悲凄呼号之声冲天，死伤的人无数。开封城笼罩在灾难之中。

过了好几天，河水才渐渐退去。可是，两岸的房子没有了，田里的庄稼淹死了。无家可归的人有的看着滔滔的洪水唉声叹气，有的站在岸边低声啜泣……

这时，由开封府内走出一队人马，直奔岸边而来。走在最前面的人身着官服，面色黧黑，一脸大黑胡子，两眼发出深沉的目光。岸边的老百姓见他们来了，急忙跪下，一齐呼喊着："包大人，请包大人救命啊！"

原来走在最前面的人就是赫赫有名的清官包拯，他当时是开封府尹。包拯翻身下马，弯腰搀扶起跪在地上的百姓，双手一揖，对众乡亲说："我身为开封府尹，让大家受难，愧对诸位乡亲。然而体恤民情，为民做主是本人为官的宗旨，决不能让大家再受劫难。"

第七章

中规中矩：以身作则树榜样

于是，包拯马上组织人抗洪救灾，安顿好受灾的难民。可是，包拯总在想：怎样才能从根本上改变这种被动的局面呢？他便带人对这条河流进行了考察。

这条小河，原叫惠民河。河水清澈通畅，还可以通船。小河两岸，榆柳成荫，风景优美，曾经给开封人带来很多便利。可是，因为这里曾是北宋的京都，所以聚集了许多贵族豪强的势力，他们见惠民河边景色宜人，空气清新，就纷纷在河道上建造亭台楼阁。有些人还把河水引到自己家的花园里。结果，河道被阻塞了。每逢下雨涨水，河水排流不畅，就溢出河岸。这次碰巧连降暴雨，河水冲毁了河床，冲进了开封城。因此，百姓们又叫它"害民河"。

包拯领着下官亲自在河边巡视了好几天，又请来了开封城里的水利专家进行勘探，发现不拆掉河道上的建筑，是难以控制河水的。包拯便下决心拆掉河道一切不利河水排泄的建筑。于是，他贴出了告示。然而，那些达官贵人在百姓头上作威作福惯了，他们哪里会考虑百姓的死活。听说包拯要拆房，就三五成群地走到开封府衙内，吵闹着要把包拯拖到金殿上，让皇上给评理；还有的人拿着地契，指着包拯破口大骂，扬言要罢包拯的官。

包拯已经料到他们会有这一手，心里早有准备。因此，他不动声色地说："疏通河道，防止水患，是利国利民之事，圣上自然会为民做主。真有地契者可以交上来，待圣上明察。"

那些权贵听包拯这样说，面面相觑。有几个人呈上地契，包拯接过来，和自己调查好的材料仔细核对，发现这些地契都是伪造的。气愤地对他们说："你们侵占河道，又欺骗朝廷，该当何罪？"

这些人见事情败露，一个个像泄了气的皮球，不住地乞求包拯宽恕。有的人私下里提着厚礼来到包拯家里，被包拯义正词严地拒绝了。

包拯当机立断，把他们的假地契和侵占民田的罪行上报仁宗皇帝，仁宗马上回旨："拆掉河道上的建筑，疏通河道，有违抗者严惩！"

包拯便发动两岸的百姓一齐动手，几天就拆掉了河道上所有的建筑，疏通河水。然后，包拯又亲自部署下官加固堤岸，在两岸盖了一些简易的房舍，供无家可归的人暂且栖身。

从此，惠民河又恢复了往日的清澈，成为开封城的一条重要水路，洪水中幸存的人们逢人便说："是包大人，包青天救了我们呀!这才是为民做主的清官呀!"自此以后，"包青天"就成了清官的代名词了。

一个真正的廉官不仅要有为民做主、造福一方的追求，还要有除暴抗恶、不屈不挠的勇气。人们常说刚正廉洁，两者缺一不可。包青天就是这样一个刚正廉洁的好官。

第七章

中规中矩：以身作则树榜样

第八章

为官立范：治国安民定乾坤

凡治国之道，必先富民。民富则易治也，民贫则难治也。意思是说：大凡治理国家的方法，必须首先使百姓富裕起来。百姓富裕就容易统治，百姓贫穷就难以统治。古往今来，治国都以人为先，这种治国思想对于今天的管理仍然有指导作用。

得民心者得天下

原　典　赏　读

【原文】

夫人者，国之先；国者，君之本。人主之体如山岳焉，高峻而不动；如日月焉，贞明而普照。兆庶之所瞻仰，天下之所归往。

——唐·李世民《帝范》

【译文】

人民是国家存在的前提，疆域是君主立国的基础。君主的准则，是君王应当如山岳一样，崇高尊大岿然镇静；有如日月一般，昼夜不息普照万物。为亿万民众所瞻仰，为天下百姓所归附。

家范箴言

中华民族有着五千年的历史，我们的祖先在中华大地上生息、繁衍，创造出一段段为后人所称颂的历史。如果对历史进行分析，我们就会发现，每个辉煌时代的背后都会有一个盛世明君，像汉高祖刘邦、唐太宗李世民、康熙帝玄烨……通过他们的英明决策，百姓才能够生活幸福、社会安定。无论是在哪个时代，"得民心者得天下"的道理是不容置疑的。

家风故事

魏文侯与民休息

在魏国的东封，有个地方官名叫解扁。有一年，解扁为了讨好上司，驱使劳累一年的农民，在冬天里上山砍柴。

整个冬天干个不停，砍下的树木可真多啊！堆积得像一座座小山似的。

农民们一直砍到冬去春来，燕子飞回，冰雪融化，才停下来。他们累得腰酸腿疼，苦不堪言。可是，解扁还不允许农民们休息，又让他们把砍下的木材编成木排，然后把木排顺河运下来，拿到集市去卖，因此卖了很多钱。于是，解扁上交给国家的财赋一下子增加3倍。解扁高兴极了，心想："我的成绩这么好，魏文侯一定会重重地奖赏我，封给我一个大官儿做。"

朝廷里的一些大臣们，看到东封的地方官交上这么多钱，非常高兴，认为解扁的功劳太大了，上奏国君，请求重赏解扁。

魏文侯却不这么想，他想知道解扁是怎样得到这么多钱的，于是召见解扁。

魏文侯问道："东封的耕地没有扩大，种地的农民也没有增加，怎么上缴给国家的财赋会增加3倍呢？"

解扁还以为魏文侯欣赏自己的"政绩"呢，认为自己升官发财的机会到了，便眉飞色舞地讲了起来。

"我是让农民在冬天也不休息，有效地利用时间，上山砍柴卖钱……"解扁讲得手舞足蹈，忘乎所以。

魏文侯早已皱起眉头，生气地对解扁说："我来问你，那些种田的农民春天时都干什么？"

解扁一时丈二和尚摸不着头脑，疑惑地回答说："犁地、播种呀！"

魏文侯又问："农民们在夏天时干什么？"

解扁答道："锄草、施肥。"

魏文侯又问："秋天时，农民们干什么？"

解扁答道："秋天庄稼熟了，抓紧时间收割呀！"

魏文侯接着说："正是这样，农民们一年四季里只有冬天田间没什么农活可干，才有一点休息时间，养精蓄锐，以利明年种好地。这个时候，你却逼着他们上山砍柴卖钱，这样一来，虽然增加了财赋收入，但是农民们一年四季就没有一点休息时间了！"

"这……这……"解扁无言以对，脸红了。

魏文侯又接着说："这不是把农民弄得疲惫不堪吗？到农忙季节，农民们哪里还有力气耕田，这不是杀鸡取卵吗？"

结果，解扁非但没有受到奖励，反而被罢了官。

209

魏文侯常常教育大臣们要爱护老百姓。派到中山任丞相的大臣李克积极执行魏文侯关心老百姓疾苦的政策。

一次，李克发现苦陉县县令上缴的财赋也增加了许多。李克认为这是苦陉县令多向人民收税的结果，便找来该县令，语重心长地对他说："讲起话来头头是道，听起来悦耳，但不合乎仁义道德，这叫作欺诈不实的言论，正直的人是不会相信的。"

苦陉县令点头称是："丞相说得对。"

李克又接着说："苦陉县没有高山、森林，也没有沼泽，物产并不丰富，农民只靠种地生活，可是财赋却很多，这一定是用不正当手段得来的，正直的人是不会接受的。您还是不要向老百姓收取那么多的赋税吧！"

苦陉县令听完李克的话，惭愧地低下头，于是取消了不该多收的赋税。

由于魏文侯十分关心老百姓的疾苦，老百姓日子越过越好，国家也日益富强起来。

民心背向国不保

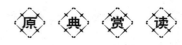

【原文】

昔者圣王之治人也，不贵其人博学也，欲其人之和同以听令也，《泰誓》曰："纣有臣亿万人，亦有亿万之心。武王有臣三千而一心。"故纣以亿万之心亡，武王以一心存。故有国之君，苟不能同人心，一国威，齐士义，通上之治以为下法，则虽有广地众民，犹不能以为安也。

——《管子·法禁》

从前圣明的君王在治理人民的时候，最重视的不是他的博学，而是要求他能同心协力听从君令。

《泰誓》说："殷纣王有亿万臣下，也有亿万条心；周武王有三千臣下，只有一条心。"纣王因为民心有亿万条而亡，武王因民心只有一条心而存。

因此，作为一国的君主如果不能收拢人心、集中权威、统一思想，使上面的政策成为下面效法的规范，那么，虽然有广阔的国土以及众多的人民，还是不够安全的。

家 范 箴 言

管子认为君王是否重视收拢人心，能否做到集中权威、统一思想，是国家安危存亡的重要因素。管子对于治国治民，有着无可企及的思想高度，他把民心看得至关重要，提醒统治者，国家的安危存亡系于民心所向，能够得民心者，则能长存，而民心背向者则天下不保。

一个朝代能够安定的秘诀就是人民归顺，所以，有贤德的皇帝治理国家的第一件事便是收拢民心。民心归附了，社会也就安定了。为官者治理一方也是这个道理，只有先把当地百姓的心给"收买"了，对地方治理起来才能一帆风顺。

家 风 故 事

曾巩靠民力剿灭霸王社

曾巩是宋嘉祐年间的齐州知府。当地有一个犯罪团伙，号称"霸王社"，他们挟持官府，欺压良民，为所欲为。当地百姓对他们恨之入骨，但没人敢声张，历任的几届知府也是对这个团伙束手无策。曾巩决心端掉这个团伙，为百姓出口恶气。

他暗中查访恶徒们的劣迹，得到证据后，他下令逮捕了30多人。此举让霸王社很是生气，他们变本加厉地猖獗起来，试图逼官府妥协。

曾巩从容应对，他先是把抓来的人发配到边疆充军，然后组织各村的百

第八章　为官立范：治国安民定乾坤

姓联保，只要霸王社的人一到，值勤的人就鸣锣示众，这时就会有官兵前来支援。他还在各村安插了耳目，暗中打探霸王社的新动向，并命令捕快班头随时照应配合。这样一来，每次的抓捕行动都能成功，霸王社的恶徒们也开始害怕起来。

一天，有个叫葛友的人前来自首，曾巩不但没有治他的罪，反而设宴款待了他，还委任他做了一个州府的小头目，让他披红挂彩，骑上高头大马，带着随从，吹吹打打地赴任去了。霸王社其他的党徒看到这种情形，内心躁动起来，他们纷纷出来自首，霸王社一下子就垮了。从此以后，社会很快恢复了以前的安定，百姓又开始夜不闭户地生活。

对付强大而顽固的势力，有时候靠"力拼"是行不通的，此时，只能智取。而智取的方法，除了充分利用广大群众的力量外，还要挖掘到敌人内部，尽可能地收拢他们部分人的心，进而离间他们，如此一来，敌人就不攻自破了。

赵文子统治人民

春秋时期，晋国的社会秩序不是很稳定，总是有许多强盗祸害百姓，这让晋国国君很是头疼，他命令各级官员捕捉强盗，严惩不贷。当时有个捉贼的能手叫邵雍，他抓住了许多盗贼并把这些盗贼都杀死了，晋国国君对他很是赏识。

大夫赵文子劝国君说："邵雍抓贼是厉害，可是他只知杀戮，不知劝其改过，你不能重用这样的人啊，否则时间一长，他一定会给国家带来更大的匪患。"

国君诧异地问他缘由，赵文子说："人们做强盗，有时是被迫的，他们并不是天生的盗贼。只要对他们加以劝说，他们是能够改邪归正的。像邵雍那样只知道杀人，人们就会增加怨恨，没死的要为被杀的报仇，这样强盗就会层出不穷，哪里还有宁日啊？你应该罢免邵雍，劝人改过，任用贤人，施行教化。只要人们有了羞耻仁义之心，生活安定了，谁还愿意做强盗呢？"

晋国国君虽觉得赵文子的话有理，但不甘心罢免邵雍，而是继续采取严厉镇压的方式。不久后，强盗们合起伙来，把邵雍杀死了，晋国匪情更加严重。

晋国国君此时想起了赵文子的劝告，赶忙把他请来对他说："我很后悔当初没有听你的话，事情现在是越闹越大，你来主持这件事吧!"

赵文子遂发布告示说："人都有向善之心，做强盗的人一定有许多苦衷，朝廷赦免你们的罪过，决不再追究。只要是有冤情和不满朝廷官员的，都可以前来申诉和举证。若情况属实，朝廷一定会采取措施加以纠正，对贪官污吏给予惩罚。"

这个告示一贴出，为盗者大受感动，他们纷纷放下武器，指责官吏的过错。赵文子将逼民造反的恶吏治罪，晋国的匪患很快就消除了。

赵文子对一些盗贼广施仁政，这不仅避免了更多反抗势力的滋生，而且他的仁厚宽容还让他得到了百姓的拥护，可谓一举两得。这也就正应了那句话——统治人民重在收拢民心。

欲取于民先施于民

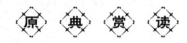

【原文】

以天下之财，利天下之人；以明威之振，合天下之权；以遂德之行，结诸侯之亲；以奸佞之罪，刑天下之心；因天下之威，以广明王之伐；攻逆乱之国，赏有功之劳；封贤圣之德，明一人之行，而百姓定矣。

——《管子·霸言》

【译文】

用天下的财物来使天下人得到利益，用威力的震慑力来集中天下的权力，以实施德政的行动来赢得诸侯的亲附，用惩办奸佞的刑罚来规范天下人的思想，用天下的兵力来扩大明君的功绩；攻取逆乱的国家，赏赐有功劳的臣下，封立圣贤大德之人，展示天子的德行，这样老百姓就会安定了。

家范箴言

管子认为想体现出统治者的德行，就要对臣下有所给予，这也是让百姓甘心被统治的前提条件。在这里，管子对统治者与人民之间的关系做了"施"与"取"的分析，告诫统治者，要想在人民那里取得什么，必须先施予人民利益，让人民认识到统治者的深厚德行，从而景仰统治者的品行，乐于受到统治者的管制，如此一来，统治者就有了人民给予的"权"，统治地位也就得到了巩固。所以说，统治者"欲取先施"是非常正确而又深刻的道理。

欲取于人必先施于人，施与是收获的开始，一个不懂得施与的人是得不到别人恩惠的。

家风故事

第五伦真心为百姓做事

东汉初期，有个主管长安集市的官员叫第五伦，他为人正直，因此常和那些不法商人发生冲突。

他的朋友经常劝他说："天下欺诈的事多了，何况是见利忘义的商人呢？你对他们不利，小心他们报复你啊！"

第五伦听后总是笑着说："如果仅仅是为了我自己，我是不会和他们作对的。这些人欺行霸市，坑害百姓，我如果放任他们，上天都不会饶恕我。"

那些不法商人们为了收买第五伦，暗地里给他送去了一份厚礼，送礼的人对第五伦说："只要您点点头，我们商人的日子好过了，您就会富足起来。您现在有权不贪，实在不值啊！"

第五伦听后生气地将那人赶出了门，然后召集那些商人说："我严格约束你们，其实也是为你们着想。你们想想看，百姓都是穷苦之人。生活都很艰辛，你们还骗他们的钱财，这难道不是在作孽吗？一旦有一天他们联合起来，你们就后悔莫及了。"

这番话说得很有道理，但那帮赚惯了昧心钱的商人们根本就听不进去，他们依然是我行我素，坑骗百姓。

第五伦再次召集他们说："我做的事，都是在拯救你们。如果你们执迷不悟，一旦我有所动作，你们可就没有退路了。"

财迷心窍的商人们还是不把第五伦的话当回事，第五伦给他们设下了改邪归正的最后期限，可是还是无人理睬。期限一过，第五伦亲自率人把不法商人一一抓捕，关进了大牢。集市恢复了公平交易，老百姓对第五伦也是感激万分。

后来，第五伦升任会稽太守。当地杀牛祭祀鬼神的风俗盛行，第五伦对此加以劝阻，他对当地人说："牛是种田人的主要依靠，为了虚无的祈福而宰杀它们，真是太愚蠢了。"

当地人认为第五伦对鬼神不敬，不少人暗地里诅咒他。第五伦的朋友对他说："你的初衷是好的，可惜没人相信你的话，这种费力不讨好的事不要再做了。"

第五伦回答说："身为本地的父母官，眼见百姓迷信愚昧，我心有不安。我诚心为了他们好，不管他们理解不理解，这事我都要做到底。"

接着，第五伦写了篇檄文，遍发所属的各县，明令禁止杀牛祭祀，违者从重处罚。时间不长，老百姓就认识到了牛的重要性和杀牛的错误，这种风俗也就根除了。

后来，第五伦被人诬陷而获罪，在他被押送的路上，当地百姓无不为他喊冤，人人争着向朝廷上疏陈述真相。汉明帝得知这种情况后被深深震惊，下诏取消了他的罪名。

第五伦真心为百姓做事，不计较个人得失，他这就是施于民。在他遇到危难的时候，百姓都站出来为他说话，这便是取于民。欲取于民则先施于民，如果不懂得"施"，自然也就不会有"取"了。

子产治国

春秋时期，郑国的子产深受人们的爱戴。他自幼便拥有过人的器量，和

第八章

为官立范：治国安民定乾坤

别人下棋时，明明是自己赢了，为了不让人难堪，他总是故意认输，人们都很喜欢他。

长大做官以后，子产仍旧处处让着别人，吃亏的事也从不对别人说。他当上相国之后，还喜欢把朝廷的赏赐分给众人，他的亲信对他说："你现在没有求助别人的地方，只会是别人来求你，你为什么还要讨好他们呢？"

子产说："没有众人的拥护，我的相国之位怎么能稳固呢？只有众人都来支持我，我才能干出一番大事业啊！"

当时，朝廷有许多暴政针对百姓，百姓对朝廷有很多怨恨。子产建议朝廷废除这些暴政，他对国君说："国家如果不为百姓着想，只知剥削牟利，那么百姓就视朝廷为仇家了，这样的国家是不会兴旺发达的。朝廷给百姓一些好处，好比放水养鱼一样，国家看似暂时无利，但实际上大利却在后边啊。"

国君听取了子产的建议，让子产制定了许多惠民政策，又让百姓畅所欲言而不加以禁止，郑国渐渐安定起来。

郑国大族公孙氏拥有很高的威望，为了安抚他们，子产格外照顾他们，甚至把一座城池作为礼物送给了他们。子产的属下不解地说："让国家吃亏而讨公孙氏的欢心，天下人会认为你出卖国家，这个罪名可不轻啊。"

子产微微一笑说："每个人都有他的欲望，只要满足了他的欲望，我就可以使用他了。公孙氏在郑国有着举足轻重的地位，如果他们怀有二心，国家的损失会更大。我这样做可以促使他们为国效力，对国家并无损害啊。"

郑国在子产的治理下，日益强盛起来。子产为了长远利益，甘愿吃亏，这是他成功的秘诀。正是因为他前期的付出才换得了后来的回报，这是因与果的关系，不容颠倒。

治军以爱民为本

【原文】

弟在军中，望常以爱民诚恳之意，理学迁阔之语时时与弁兵说及，庶胜则可以立功，败亦不至造孽。

——清·曾国藩《曾国藩家训》

【译文】

你在带兵打仗时，望经常把爱民的恳切之情和理学的一般道理多给官兵们讲讲，这样才能做到胜则立功，打了败仗也不至于做坏事。

家范箴言

治军以爱民为第一要义。不管曾国藩所谓"爱民"有多少封建地主阶级的局限性，这封家信的基本思想还是可以肯定的。特别是战乱时期提出这一问题，强调立身军伍之间，要多"积德"，勿"造孽"，更可见其深意。曾国藩家训对于今天的为官家庭仍然具有指导意义。

家风故事

商汤"网开三面"

由大禹建立的夏王朝，历时 400 多年，经过 13 代君主，传到了桀手里。桀是历史上有名的暴君，他荒淫奢侈，沉溺于声色犬马，残酷地杀害忠良。他以为，天上的太阳千秋万代不会熄灭，他的江山社稷也就永世长存。

殊不知，夏朝的国势日趋没落，百姓苦不堪言，怨声载道。大夏王朝已日薄西山。

正在这时，东方的商国逐步强大起来。

商国的首领是汤，商汤是个很有才略的君主。他善于用人，肯听忠言。他任用夏朝车官奚仲的后代仲虺为左相，任用妻子陪嫁的奴隶伊尹为右相。在仲虺和伊尹的辅佐下，商国的国力迅速发展，不久便达到了几乎与夏王朝势均力敌的地位。

为了达到灭掉夏朝的目的，商汤积蓄力量，陆续征服了商国附近的许多小国，逐一灭掉了夏在东方的豕韦、顾和昆吾三个大诸侯国，做好了一举灭夏的准备。

要灭掉夏朝，就要取得各诸侯国的支持。用什么去争取民心呢？商汤用的是仁德。

有一天，商汤在亳都郊外散步，不知不觉走进一片小树林。这片树林虽然不大，却也林高树密，草长莺飞，别有一番景致。

商汤的心情好极了，他在树林里信步走着，欣赏着迷人的景色。忽然，他看见一个人正在前边不远处张网捕鸟。

这人显然是个捕鸟的行家，他用的是大粘网，网竖起来比树还高。鸟儿若是撞到网上，就难以逃脱。

捕鸟人正把网从四面竖起，一边张网，还一边念念有词地祷告："鸟儿啊，从天上飞下来的，从地上往上飞的，从南往北飞的，从北往南飞的，从东往西飞的，从西往东飞的，所有的鸟儿，你们统统飞到我的网里来吧！"

商汤听了，不禁长叹一声："唉——真是太残忍了，太残忍了！"

捕鸟人抬头看见了商汤，问："你这话是什么意思？"

商汤走上前去说："你这样捕鸟，不是把鸟全捕光了吗？"

捕鸟人没好气地问："那依你之见该怎么办？"

商汤指着鸟网说："撤掉三面的网，只留下一面的就足够了。"

捕鸟人大惑不解："只有一面张网，怎么能捕到鸟呢？"

"能捕到的。"商汤肯定地说，"我来教给你。你撤掉三面的网后，就这样祷告：'鸟儿啊！你们愿意往右边飞的，就往右边飞吧！愿意往左边飞的，就往左边飞吧！实在愿意往前飞的，实在想到网里来的，就飞到我的网里来吧！'你不妨照此一试。"

捕鸟人想了想，觉得商汤的话有道理，当下就撤掉了横在三面的鸟网，只留下一面的网。再捕鸟时，他的心里果然非常坦荡、安详。

此后不久，这件事就在诸侯中间传开了，商汤对捕鸟人讲的那番话打动了不少人。诸侯们聚在一起，议论纷纷。

有的说："汤真是一位了不起的大王。你看他对天上的飞鸟都那么仁慈，对人一定更加仁慈了。"

也有的说："由此看来，汤不会做那种斩尽杀绝、丧尽天良的事。我们还有什么顾虑呢？应该赶快离开暴虐的桀王，去拥戴汤这位贤明的大王。"

"对，拥戴汤！"

就这样，在商汤仁爱精神的感召下，相继有40多个诸侯部落来归顺商汤，商汤的力量日趋强大。终于有一天，商汤一声令下，商军直捣夏都斟寻，杀得夏桀狼狈逃窜。最后，夏桀被商军俘虏，监禁起来。夏朝400多年的历史宣告结束，商王朝随之建立，一个新的历史时期开始了。

此后，"网开三面"作为一个成语流传了下来，人们用它来比喻贤明的君主实行仁政，恩及百姓。

暴吏害民天必诛

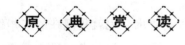
原　典　赏　读

【原文】

睨立庭下，抗对长官；端坐司房，骂辱胥辈；冒占官产，不肯输租；欺凌善弱，强欲断治；请托公事，必欲以曲为直，或与胥吏通同为奸，把持官员，使之听其所为，以残害乡民。如此之官吏，如此之奸民，假以岁月，纵免人祸，必自为天所诛也。

第八章

为官立范：治国安民定乾坤

——宋·袁采《袁氏世范》

【译文】

他们斜眼站在公庭上，对抗长官，端坐在司房内辱骂官府职员；侵占公共财产，却不肯交付租金；欺凌善良和弱小的人，强行为这些人的事进行决断；而对请他们托办的公事，一定想以曲为直，或者与小官勾通狼狈为奸，挟持官员，使之听任其为所欲为，残害乡民。这样的官吏，这样的奸民，如果还给他们延长岁月，即使能让他们不遭人祸，也必定要受到苍天的诛杀。

家范箴言

《袁氏世范》中列举的是封建社会"民告官"的艰难。由于官员的权位是上司决定并赐予的，所以贪官污吏只要运用一部分公款或赃款与上司分享，就可以稳操权柄，毒害一方。老百姓如果能下决心对官吏的罪行检举和控告到底，民意又容易被来自其内部的个别出头人物操纵和出卖，把民意变成他们个人挟持官府、谋取私利的工具。面对这些贪官奸民的种种恶行、手段和社会势力，平民百姓哪怕人数再多、受害再深都只会一筹莫展，他们唯一的希望就是寄望于上天的诛杀。足见官吏的贪污腐败问题，确实是封建专制社会自身无力解决的制度顽症。宋代袁采写出民告官的现象以警诫子孙，为官要懂得爱民，不可嚣张跋扈。

家风故事

道同为廉抛头颅

明太祖朱元璋时期，有个叫道同的人在番禺，也就是现在的广州做县令。由于他不畏强权，勇于为民做主，严惩民贼，深受老百姓的爱戴。当时，番禺被官场上的人称为"烦巨"，意思是很难治理的地方，土豪劣绅气焰嚣张，地方恶势力专横跋扈，就连州县衙门中的官吏也时常受他们欺侮。所以，都不愿在"烦巨"为官。

道同做了番禺的知县后，从不畏惧那帮豪强恶霸，当地有一伙地头蛇，长期以来凭借暴力强行购买民间的各种珠宝玉器，然后到外地高价出售，从中牟取暴利。凡是对他们不满或稍加抵制者，便会受到莫名的陷害，轻则破财入狱，重则家破人亡。道同一上任，就收到许多告这伙强贼的状子，经多方调查，证据确凿，于是，道同就派人把这伙土豪恶霸的头子捉拿归案，在县城最热闹的地方游街示众。一时间，商人和老百姓都大快人心，狠杀了那伙坏人的气焰。

正在此时，土匪出身的永嘉侯朱亮祖被朝廷派到广东驻节番禺，那些土豪恶霸暗地里用大量的金银珠宝贿赂朱亮祖，请他出面为被抓的贼首开脱。朱亮祖收了财物，便在自己府中摆下盛宴，请道同来吃酒。酒过三巡时，朱亮祖用轻松的口吻说："你抓的那几个人，不过是些守法商人，想多挣几个钱，有时做事不够检点，已经处罚了他们，就放了算了。"道同向朱亮祖拱了拱手，十分严肃地说："大人有所不知，这些人强买强卖，扰乱市场，长期为非作歹，不可轻饶。大人是朝廷重臣，怎能受这班小人驱使，此事不能这么轻易了结。"朱亮祖没料到一个小小的知县，竟敢不领自己的人情，还当面指责自己，顿时面沉如水，撤了酒席，把道同赶了出去。接着，便指使打手冲到县衙，打伤看守，砸开牢狱，放走了强贼。然后，又借口把道同抓来，狠狠打了一顿，他想：这回我看你道同老不老实，还敢不敢顶撞我这个朝廷大员。"

看到道同受欺侮，土豪恶霸们更来劲了，心想这回有朱亮祖为他们撑腰，可以明目张胆地欺压百姓，为所欲为了。于是他们争先贿赂朱亮祖，想背靠大树好乘凉。朱亮祖的两个大舅子，更是胆大包天，到处欺男霸女，扬言：谁不服，就把谁满族灭门。但是，道同偏偏不怕这伙坏蛋，派人把那两个恶棍抓了起来。朱亮祖一听说此事，顿时兽性大发，公开派打手冲进县监狱，抢走了在押的罪犯。

面对这目无法纪、人多势众、气焰嚣张的朱亮祖，道同抑制不住满腔怨愤，连夜奋笔疾书，历数朱亮祖的种种恶行，上奏朝廷。然而，狡诈的朱亮祖已经料到道同会走这步棋，便来了个恶狗先咬人，提前也写了一封奏章，星夜送往朝廷。他在奏章中编造罪行，诬陷道同在番禺独霸一方，妄自尊大，根本不把朝廷放在眼里，还常常出言不逊，诽谤皇上，辱骂公侯，欺侮乡绅……明太祖朱元璋看到朱亮祖的奏章，信以为真，顿时龙颜大怒，立即派专使去番禺处死道同。

第八章 为官立范：治国安民定乾坤

两天以后，朱元璋又收到了道同的奏章。看完这封有理有据、义正词严的控诉书，大为震惊，明白自己上了朱亮祖的当，很可能会误杀忠良。朱元璋非常欣赏道同的胆量和刚直。他想，一个小小的知县敢于不畏权势向自己揭发一个封疆大吏的恶行罪状，气节可嘉，操行可敬。于是，他连忙派专使星夜兼程，追回前诏，赦免道同。

后派的专使奉命拼命赶往番禺，但还是晚到了几个时辰。他们汗流满面赶到县衙时，道同刚刚被处死。朱元璋得到禀告后，十分后悔，更加愤恨朱亮祖的丑行，不久就把他召回南京，查清了他在驻节番禺时的罪行，将他用鞭刑处死。

道同刚正不阿，冤屈而死，番禺人民十分怀念他，许多人把他的雕像供在家中，作为避邪除恶的神灵来拜祭。

虚心倾听他人言

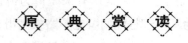

【原文】

夫王者高居深视，亏听阻明，恐有过而不闻，惧有阙而莫补。所以设鞀树木，思献替之谋，倾耳虚心，伫忠正之说。

——唐·李世民《帝范》

【译文】

君主深居宫中高在人上与世隔绝，丧失了听力，隔断了视线。唯恐有错误听不到意见，生怕有过失却无法补救。所以设置鞀鼓树立谤木，希望臣民进献对错可否的建议，虚心倾听，积累忠诚正直的意见。

上帝给了我们两个耳朵一张嘴，就是为了让我们少说多听，所以我们要学会倾听，善于倾听。李世民在《帝范》中告诉我们：身为管理者，在管理的过程中，更要注意倾听下属的意见，通过下属的意见，来完善自己的管理。

家风故事

以死相谏，感悟君主

熟悉三国故事的人都知道，吴国有一个反对联合刘备、抵抗曹操的谋臣，名叫张昭。但很少有人知道他曾冒死进谏，感悟孙权。

张昭原籍彭城(今徐州)。东汉末年，因中原战争频仍，民不聊生，徐州的士人，便纷纷南迁，张昭一家也在这时到了江南。

当时孙策正在创立东吴大业，见张昭其人忠厚，并且有才干，就委以重任，选用他做长史，兼任中郎将，文武大事一概托付给他办理。原为普通人的张昭为报孙策知遇之恩，恪尽职守，勤勉不怠，鼎力辅佐孙策，使东吴的事业蒸蒸日上。

英雄命短，在兴亡存废的关键时刻，孙策早逝。孙策在临终前，特意在卧帐内召见张昭，嗫嚅地说："我死后，我的弟弟就托付给你了。请你倾全力辅佐他。你们要并力同心，共图吴国大业！"张昭挥泪向孙策言道："请主公放心，我会忠心辅弼仲谋(孙权的字)的！"

孙策死后，张昭以自己的威望率领众臣拥戴孙权为君主，做了许多安抚工作，使吴国很快稳定下来。

有一次，辽东太守公孙渊派使者到东吴，表示愿意向东吴称臣。孙权听后十分欣喜，不假思索，就想立即派人去辽东封公孙渊为燕王。张昭得知后，急忙赶到孙权的身旁，对他说："公孙渊这个人反复无常，靠不住。他新近因惹怒了魏国，惧怕魏国，才远道而来，欲和我们结交，称臣并不是他的本意。如果公孙渊一旦改变主意，投靠魏国，那么我们派去的使臣就成了他的见面礼，我们东吴也将成为人们讥讽的笑柄。"孙权不同意张昭的看法，两个人争辩得面红耳赤。孙权最后按捺不住了，按着刀柄怒气冲冲地说道："我的主意已定，任何人都不得忤逆我。如果你再执意激怒我的话，我恐怕要做出控制不住自己的事情了！"张昭这时也激动地说道："我出于一片愚忠直言劝谏，实在是由于你哥哥临终的嘱托呀！"说着就痛哭起来，哭得泪水横流。见张昭如此，孙权木然地站在那里，没有说什么。

最终孙权还是派人去了辽东。张昭见孙权如此一意孤行，十分气愤，于是假托有病，不去上朝。这一举动更加惹怒了孙权，他就派人用土封住了张昭家的大门。

不久，公孙渊杀了东吴使臣的消息传回到了吴国。孙权知道自己错了，感到愧对张昭，决定亲自去向他道歉。

这一天，孙权很早就来敲张昭的家门。张昭推托病重在床，不见孙权。孙权在门外冲着门里喊道："我是来向你认错的，你要是不开门，我就不走了！"在萧瑟的秋风中孙权站了好久。张昭感动了，拖着虚弱的身子来开门。门一开，两个人便拥抱在了一起，脸上都挂满了泪痕。

以后，张昭又继续上朝了。他经常直言相谏，忠心耿耿地辅佐孙权。张昭死后，家人遵照他的遗嘱，只用一条白绢束头，粗糙的棺木盛殓了他。出殡那一天，孙权身着白色衣服亲临吊唁。

在君主专制下，进逆耳忠言是要冒极大危险的。张昭冒死进谏，虽然未能阻止孙权的失误，却促使孙权弥补自己的过失，不失忠臣本色。

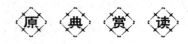

凡事要以大局为重

◇原◇典◇赏◇读◇

【原文】

凡将立事，正彼天植，风雨无违，远近高下，各得其嗣。三经既饬，君乃有国。喜无以赏，怒无以杀。喜以赏，怒以杀，怨乃起，令乃废，骤令不行，民心乃外。外之有徒，祸乃始牙。众之所恣，置不能图。举所美，必观其所终，废所恶，必计其所穷。庆勉敦敬以显之，富禄有功以劝之，爵贵有名以休之。兼爱无遗，是谓君心。必先顺教，万民乡风。旦暮利之，众乃胜任。

——《管子·版法》

【译文】

凡是君主将要处理政事之时，必须端正自身心志，不违背天时，保持公平合理。把握这三条大纲，就能够保住国家。不能因喜而行赏，不能因怒而杀害。

如果因喜而行赏，因怒而杀害，民怨就会产生，政令就会废弛。政令多次不能顺利施行，民心就会向外。有外心的人民一旦结党，祸乱就开始萌发了。群众的怨恨，不是轻易就能应付的。

做自己乐于做的事，一定要首先看到它的结局。废止自己厌恶的事，也一定要想到它的后果。奖赏敦厚的人以示表扬，赏赐有功的人以示鼓励，晋爵有名望的人以示赞誉，博爱而无遗漏，这才是君主最该用心的。

家范箴言

管子在此提出了自己对处理政事的观点，他认为政事非同小事，关系重大，身为君主，在处理政事之时，都不能以个人喜怒为出发点，而要以大局为重。

管子认为统治者要将自己置身于该有的高度，认清自己的职责，使自己"处理政事之时，必须端正自身心志，不违背天时，保持公平合理"，要"不能因喜而行赏，不能因怒而杀害"，这样才能体现出为官者该有的高风亮节。

为官者的思想高度一定要与职位高度同步，行事不能取决于自身的喜恶，而要以大局为重，凡事都以大局为先，将自身的利益得失与喜怒哀乐置之度外，这才是为官者的本分。

国与国之间以和平共处为重，作为国君不能因一时性起就贸然挑衅他国。狂妄自大没有什么好下场，凡事以安定的大局为重才能实现国家的长治久安。

第八章

为官立范：治国安民定乾坤

为此告诫现在的管理者：要做到冷静而周全地考虑事情，很多事并不是表面上那么简单，面对种种形势，只有把握顾全大局的原则，才不至于陷自己于被动之中。

家风故事

顾全大局的齐宣王

战国时期，齐宣王为了扩大疆土，准备攻打燕国。他对百官说："现在诸侯争霸，没有胆量是做不成大事的，我想先攻打燕国，你们看如何？"

百官都纷纷表示赞成，只有一人忧虑地说："没有正当的理由就去攻打他国，别国一定会反对我们。如果他们联合起来攻打我们，我们就招架不住了。何况据我所知，燕国并不容易被制服，万一我们出师不利，将会有损齐国的声威啊！"

齐宣王不以为然，他认为攻打燕国之事已筹划了很长时间，已是胜券在握，于是不顾这位大臣的劝谏，下令出兵攻打燕国，燕国没有防备，很快就丢了十几座城池。

这时，主持合纵联盟的苏秦为了制止战争，来到齐国面见齐宣王。苏秦对齐宣王先是拜了拜，然后又表示了慰问。

齐宣王诧异地问道："我打了胜仗，先生前来祝贺我，自然容易理解，可先生为什么要慰问我呢？"

苏秦说："一个人再饿也不能吃有毒的东西，这是因为用它充饥和饿死没有什么区别。燕国虽然弱小，但燕国的国君是秦王的小女婿，齐国这样欺负燕国，秦王能不管吗？为了贪图燕国的几座城池而与秦国结下仇怨，大王就没想到后果吗？一旦燕国和秦国联合起来，齐国就危在旦夕了。"

齐宣王听后点了点头，赶忙向苏秦请教道："我一时冲动酿下如此大祸，现在我该如何补救呢？"

苏秦说："不胆大妄为，凶险的事就会减少许多；知错能改，坏事也能变成好事。大王如果能主动归还侵占燕国的城池，燕国和秦国都会喜出望外，你们三国间就能结成联盟。"

齐宣王接受了苏秦的建议，下令将城池还给了燕国，燕国和秦国果然很高兴，给他送来了礼物以示友好。

眼光长远的徐达

顾全大局者的眼光都是长远的，他们为了国家更长远的利益，宁愿放弃眼前小利的诱惑，徐达就是这样一个人。

元朝末年，朱元璋与元军之间展开了一场决战，朱元璋的军队节节胜出、胜利在握。他对元帅徐达说："元朝气数已尽，那残兵败将已不足惧，我只是担心顺帝还没有抓到，他会卷土重来啊。"

徐达说："元军现在士气低落，已无还手之力，一个昏君有何惧哉。我们此时应该把精力放在清剿残存势力上，把他们彻底消灭。"

不久后，元顺帝被朱元璋的军队发现，徐达却在此时下令班师。大将常遇春对此很是不解，但迫于徐达的军令，只好服从。他一见到朱元璋就赶忙说："徐达故意放走了顺帝，他居心叵测啊，皇上一定要好好审问他。"

徐达知道常遇春参了自己一本，本想前去向朱元璋解释，但听说朱元璋有心杀他，为防万一，他逃到江中的船上躲了起来。

朱元璋怕徐达背叛自己，于是派人对徐达说自己赦免了他的罪，绝不计较。

徐达还是不肯出面。朱元璋为了消除他的疑虑，亲自登船去见徐达。

朱元璋对徐达说："你放走了顺帝，虽然我已答应不治你的罪，但我想听听你的道理。"

徐达说："现在天下已是你的囊中之物，我不抓顺帝，是为你着想。你若把他捉住杀掉，那些元朝的余孽一定要为他报仇，那时，天下就难以安定了。而且一定会有人指责你心狠手辣，容不下一个亡国之君。我放走了顺帝，正是不想让这些事情发生，有什么不对的呢？"

朱元璋听后赶忙向徐达拜谢，并设宴款待了他。

徐达沉着冷静、思虑长远，而且顾全大局，这是那些急功近利的人做不到的。他的这种为大局不顾个人利益的品德得到了皇帝的认同和别人的信任。

第八章 为官立范：治国安民定乾坤

帝王犯错国大乱

【原文】

君有过而不改，谓之倒；臣当罪而不诛，谓之乱。君为倒君，臣为乱臣，国家之衰也，可坐而待之。是故有道之君者执本，相执要，大夫执法，以牧其群臣。群臣尽智竭力以役其上。四守者得则治，易则乱，故不可不明设而守固。

——《管子·君臣下》

【译文】

君主有错而不改叫作"倒"，臣子有罪却不诛叫作"乱"。如果君是倒君，臣为乱臣，那么国家的衰亡就会坐等着到来。所以有道的君主要掌握治国的根本，宰相要掌握治国的关键，大夫执行法令来管理群臣，群臣则尽心竭力为君主服务。如果这四方面的职守都完成得好，国家就会安定；若疏忽职守，国家就容易混乱。所以不能不将这些方面明确规定，坚决遵守。

家范箴言

在这里，管子强调了帝王乃至为官者之错对于国家的兴亡来说是多么重大。做官者都是掌握国家大权的人，他们可以一言九鼎，可以在人民面前说一不二，他们掌握着国家兴与亡的命脉，如果他们不谨言慎行，哪怕犯下一点点言语上的过错，都将导致国家的败亡。因此管子认为，一个圣明的君王可以使一个衰落的国家迅速强大起来，最终国泰民安。而一个昏庸的君王可以使一个强大的国家混乱不堪，最终灭亡。

决策失误的慕容垂

384 年，慕容垂僭越王位，自称燕王，封元妃段氏为皇后，慕容垂立其子宝为太子。

元妃劝诫慕容垂："太子为人从容不迫，但其做事优柔寡断。在和平时期，他必是位贤明之君，一旦社会陷入混乱之中，他就不是临危不乱的英才了。陛下把王者大业托付给他，妾看不出有昌盛美好的远景。依妾之见，辽西、范阳二王，均是贤能之人，陛下何不从他们两人中挑一个来担此重任呢？而赵王麟性情奸诈，为人自负，常有轻慢太子之心，陛下一旦有不测，他必会趁机起事，这虽是陛下的家事，但却关系到国家的前途，陛下应该对此事做一个周密而长远的筹划。"

慕容垂对此不以为然，一意孤行，没有接纳元妃的意见，仍立宝为太子。元妃再次劝谏慕容垂在立太子问题上要慎之又慎，慕容垂反问元妃道："你要我学晋献公父子相互猜疑吗？"

元妃哭泣而退，她对季妃说："太子不善，这是大家都知道的事情，我对朝廷一片忠心，而陛下却把我比作骊姬，我心里很是感到冤屈。太子一旦继位，国家必会灭亡，范阳王气度非凡，他才最适合做国君啊！"

慕容垂去世后，慕容宝继位，他刚一上台就派赵王麟去逼迫元妃说："皇后曾经告诉先王，今主不能继承大统，如今竟然实现了。你竟敢如此诬蔑自己的亲生儿子，真是太不配做母亲了。不如趁早自杀算了，以全段氏名誉。"

元妃大怒说："我自己生的儿子我当然最了解。你们兄弟连母亲都杀，还怎么奢望你们能够保卫国家呢？我不是怕死，只是感叹国家怕不久就要灭亡了，我怕的是对不住国家的百姓啊！"说完，自杀而死。

后来，赵王麟果然作乱，慕容宝被杀，最终范阳王登上了王位。

慕容垂的决策失误造成了国家的混乱局面，甚至导致了儿子逼死母亲这样无道之事的发生。可见，身为国君，就应尽量不犯错，错误哪怕只是一丝一毫，但它所造成的后果可能会非常严重。

曹共公毁国

晋公子重耳因其父献公立幼子为嗣，被迫流亡国外。有一天，他来到了曹国。曹国国君曹共公原本不想接见他，但听大夫僖负羁说重耳每只眼睛有两个瞳仁，肋骨合生为一，有异人之相，曹共公马上来了兴致，想目睹一下。

重耳被曹国驿站的人请入馆中，接待人员只给他准备了些粗茶淡饭，这让重耳非常生气，于是就没有吃。驿站的人又迫不及待地请重耳洗澡，重耳由于连日奔波，身上很脏，于是便进了浴室。就在重耳脱衣准备洗澡的时候，浴室的门突然打开，曹共公领着几个宠臣走了进来，他们争相去看重耳的肋骨，还指手画脚、嘻嘻哈哈。这突如其来的场面让重耳很是难堪，他的手下也是愤怒异常。

僖负羁听说这件事后赶忙去劝曹共公杀掉重耳，否则日后必有大祸临头。曹共公根本就没有把重耳放在眼里，他没有听从僖负羁的建议。僖负羁又让曹共公厚待重耳，曹共公还是不答应。

僖负羁郁闷而归，他的妻子劝他说："我早听别人说过，晋公子重耳将是万乘之主，他身边的随从也都是些可以辅国的将相之才。现在他们处于穷困的境地，可谓是走投无路。如果日后他能返回晋国，一定会把这件事记恨在心的。你若不提前和他结交，将来一定会跟着遭殃。"

僖负羁觉得夫人说得很对，他派人连夜给重耳送去了金银珠宝和好酒好饭。重耳很是高兴，把饭吃了，但把金银珠宝退回。僖负羁为此更加敬佩重耳的为人了。

后来，重耳在秦穆公的帮助下回到了晋国，并当上了国君，这就是后来的晋文公。他即位三年后，起兵攻曹，以雪前耻。最后，曹共公被抓，曹国随之宣告灭亡。

曹共公身为一国之君却不行国君之事，他为了满足自己的好奇心不惜侮辱别人的人格，他的这种不合礼度的行为最终得到了应得的报应。

明君勿弃忠良士

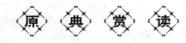

【原文】

夫国之匡辅，必待忠良。任使得人，天下自治。是以明君博访英贤，搜扬侧陋；求之则劳，任之斯逸，此以求贤为贵也。夫良匠无弃材，明君无弃士。人才有长短，能有巨细；君择材而授官，臣量己而受职，则委任责成，不劳而治。此设官不可不审也。

——宋·刘清《戒子通录》

【译文】

辅佐国家，一定要依靠忠良之人。能够任用恰当的人才，天下必定大治。所以明君要广泛地访求英贤，搜寻并提拔遗漏在旁侧和边远地区没有起用的人才。虽然对人才搜访的过程是十分辛苦的，但一旦任用他们，君主就会省事和安逸许多；这就是求贤十分重要的原因。优秀的匠人手下不会有弃置无用的材料，英明的君主手下不会有完全无法任用的人才。人的才质有长有短，有宏大有精细；君主如果依据人的才质授予相应的职位，臣子也能衡量自己的能力接受适宜的职位，再进行任命并责成他们按职行事，就能收到不劳而治的效果。这就是设置官职和任用官员不可不慎重的原因。

家范箴言

能够认识到"国之匡辅，必待忠良"是何等睿智与清醒。现在有些人一旦获得高位重权，便把手中的权力幻化为他个人的才华和能量；在这种重权严威之下，一切部属的才华都显得十分天真和可笑。围绕着权力放射

第八章 为官立范：治国安民定乾坤

出的无穷魅力，造就了很多贪污腐败者，那些自私而又没有责任感的权势者哪里还有心思和闲情去"博访英贤""搜扬侧陋"？唐太宗平定海内，位及人间之最，却能不辞劳苦，求贤若渴，甚至提出了"明君无弃士"的用人目标，至今仍能令人感佩不已！彪炳千秋的贞观之治的成功奥秘由此可见一斑。

家 风 故 事

广纳贤才，为己所用

正因为泰山不排斥一石一土，最终才成为五岳之首；而江海也没有拒绝一滴一水、广纳海川，才有了它的深邃。而古代那些贤明的君王都是在集思广益的基础上才成就了自己。所以，如果一个领导者想要成功必须要学会任人唯贤，只有广纳贤才，自己才能变得越来越英明。

有这样一个故事，验证了广纳贤才的重要性。

在我国古代史上，管仲是有名的治国贤才，纵然齐桓公与管仲曾经发生过不愉快，但是他做到了不计前嫌，重用管仲，最终使得齐国越来越强大。在管仲的辅佐下，齐桓公成为一代霸主。齐桓公深知有才干之人对一个国家是多么重要。他考虑到仅靠管仲一个人是不行的，他需要更多的像管仲一样的人。所以，他决定广纳贤才，为了把自己的决定宣扬出去，齐桓公命人在宫廷之外燃起了大火，以造声势。同时也是为日夜接待前来晋见的八方英才提供方便。虽然，这些大火燃烧了整整一年，但是并没有引来求见之人。关于这种情况，大臣们不知道是什么原因。

突然有一天，有一个乡下人在宫门口请求进去见齐桓公。

门官问乡下人："你有何才干求见大王？"

乡下人回答说："我能熟练地背诵算术口诀，我希望大王接见我。"

门官如实报告给了齐桓公。当时齐桓公感到特别好笑，心想背诵算术口诀算什么才能？于是让门官回复乡下人说："背诵算数口诀不算是什么本领，这根本不值得让国君接见，你还是回去吧。"

虽然听到门官这么说，乡下人仍然坚持说道："我听说这里的火炬已经燃烧一年了，可是从来没有人过来求见，我想或许是因为大王的雄才大略名扬天下，各地贤才敬重大王希望为大王出力，又深恐自己的才干远不及大王而不被接纳，所以不敢前来求见。现在我以背诵算术口诀的本领前来觐见，如果大王能够以礼相待，天下人必然会明白大王真心求才、礼贤下士的诚意，相信一定会有真才实学之人前来拜见大王。"

齐桓公听了乡下人的这一番话，被深深打动，认为乡下人说得太有道理了，于是马上以隆重的礼节接见了他。这件事很快传开了，不到一个月时间，各地贤才纷纷前来，络绎不绝。齐桓公大为高兴。

国之用材不过六事

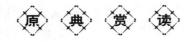

【原文】

夫君子之处世，贵能有益于物耳，不徒高谈虚论，左琴右书，以费人君禄位也。国之用材，大较不过六事：一则朝廷之臣，取其鉴达治体，经纶博雅；二则文史之臣，取其著述宪章，不忘前古；三则军旅之臣，取其断决有谋，强干习事；四则藩屏之臣，取其明练风俗，清白爱民；五则使命之臣，取其识变从宜，不辱君命；六则兴造之臣，取其程功节费，开略有术。此则皆勤学守行者所能办也。人性有长短，岂责具美于六涂哉？但当晓指趣，能守一职，便无愧耳。

——南北朝·颜之推《颜氏家训》

【译文】

君子处世贵在能对世事有益，而不是只会高谈空论、弹琴读书，以致浪费君主赐予的禄位。国家选用人才，大略不超出以下

第八章 为官立范：治国安民定乾坤

六个方面：一为朝廷中的大臣，要明鉴、通达治国的根本方略，能够统筹和处理广博和高雅的事务；二为掌管文史事务的大臣，要能起草各种法规、文件，撰写历史著作，不遗漏前代治国经验；三为治军的武臣，要能多谋善断，善用虚实之策和善于训练士兵；四为派到地方任职的朝廷命官，要能明了和熟悉当地风俗，清白廉正、爱护人民；五为负责外交使命的大臣，要能随机应变，不辜负国家的重托；六为善于营建的大臣，能够筹划工程进展和节约费用，有办法进行创造性营谋。这些才能都是通过勤奋学习、恪守职责所能达到的。人的性情有长短，难道能要求一个人完美地具备这六个方面的才能吗？但只要知道大致的旨趣，能胜任其中一项工作，便可问心无愧了。

家范箴言

这里列出了国家选才的六种类型及基本要求，不仅有利于人才根据自身的素质确立相应的能力类型及发展方向，也有利于国家对人才的合理选拔和分工任用。尤其是后者，国家如果对人才做出才位不称的任用，也会给社会事业带来不可估量的损失。

家风故事

鞠躬尽瘁，死而后已

诸葛亮大概要算中国历史上最受人崇敬的贤哲了。他在人民心目中是忠诚的象征，是智慧的化身。

诸葛亮，字孔明，父母早丧，随叔父诸葛玄从山东到江西南昌，后来叔父死了，他就在南阳郡的隆中住下来，一边耕田，一边读书，同时结交天下英才。诸葛亮拜过许多名师，读过许多篇章，但他不像别人那样务求精熟，而是"观其大略"，从总体上把握精髓要领，所以他虽然躬耕陇亩，却胸怀天下，常常自比管仲、乐毅，有时清晨起来在山林中长啸，迎接东方的晨曦。

诸葛亮的好朋友徐庶向刘备介绍了他，说诸葛亮是卧龙，能成大事。

刘备说："那你就把他带来见我好了。"徐庶说："这个人只能以礼相待，不能招之即来，挥之即去。"刘备当时正在招贤纳士，决心亲自到隆中去求见诸葛亮。当时天气严寒，大雪塞途，刘备一连去了两次，都没见到诸葛亮。这时，求贤若渴的刘备更加恭谨勤劳，第三次来到隆中，在诸葛亮简陋的草房里，向他请教天下大事。诸葛亮被刘备的一片诚心所感动，就提出东联孙吴，北抗曹魏，夺取荆益，三分天下的战略方针。这就是"三顾茅庐"的故事。

刘备得到诸葛亮，就像鱼儿得到了水；诸葛亮为感激刘备知遇之恩，竭忠尽智，忧劳一生。

刘备兵力单薄，又没有稳定的地盘，在当时被曹操追赶得连个落脚的地方都没有。诸葛亮接受刘备的委托，前往东吴，在柴桑(今九江市)见到了孙权，用激将法打消了孙权犹豫不决的念头，批驳了东吴主和派的苟安言论，舌战群儒，促成抗曹联合阵线；协助周瑜，在赤壁之战中，火攻曹军水师，奠定鼎足三分的基础。后人在通俗小说和戏曲中，把诸葛亮在赤壁之战中"借东风""草船借箭"的故事描绘得有声有色，虽不免有些夸张，却也能反映诸葛亮卓越的军事才能。

在诸葛亮的辅佐下，刘备先后占领了江南四郡，并大举西进，于211年进取成都。221年刘备称帝，建立蜀汉，诸葛亮任丞相。刘备只当了3年皇帝，就在讨伐东吴的战争接连失利后，忧愤而死。临终前，刘备把诸葛亮从成都召到白帝城(今四川奉节县)，把儿子刘禅托付给他，对他说："你的才能胜过曹丕10倍，一定能成大事。刘禅如果可以成事，你就辅佐他；如果他不成器，你可以取而代之。"诸葛亮痛哭流涕地说："我一定效忠后主，一直到死为止。"

刘备死后，诸葛亮肩上的担子更重了。他制定法令，开诚布公，赏罚分明，发展蜀汉的经济。225年，诸葛亮率蜀军南征，七擒七纵，终于感动了少数民族首领孟获，安定了云南各民族。这就是"五月渡泸，深入不毛"的故事。解除后顾之忧以后，诸葛亮把战略重点转向北面，开始了持续八年的北伐战争。但由于蜀汉的人力、物力不能与中原抗衡，与孙吴的联盟又不巩固，而曹操挟天子以令诸侯，兵多将广，粮草充足，统率魏军的司马懿足智多谋，善于用兵，所以，诸葛亮从227年起六出祁山，几次打到关中平原，

第八章　为官立范：治国安民定乾坤

但每次都由于后勤供应困难，无功而返。诸葛亮壮志未酬，积劳成疾。有一次司马懿问蜀军使者："诸葛亮每天睡多少觉？吃多少饭？办多少事？"使者说："诸葛公起早贪黑，一天要审阅20多份案卷，只吃很少一点饭。"司马懿说："诸葛亮食少而事繁，快死了。"234年，诸葛亮果然死在五丈原(今陕西省郿县西)，年仅54岁。

"三顾频烦天下计，两朝开济老臣心。出师未捷身先死，长使英雄泪满襟。"杜甫《蜀相》这几句诗概括了诸葛亮"鞠躬尽瘁，死而后已"的一生。

亲贤人，远小人

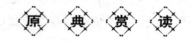

【原文】

"臣愿君之远易牙、竖刁、堂巫、公子开方。夫易牙以调和事公，公曰：'惟蒸婴儿之未尝。'于是蒸其首子而献之公。人情非不爱其子也，于子之不爱，将何有于公？公喜宫而妒，竖刁自刑而为公治内。人情非不爱其身也，于身之不爱，将何有于公？公子开方事公，十五年不归视其亲，齐卫之间，不容数日之行。人情非不爱其亲也，于亲之不爱，焉能有于公？臣闻之，务为不久，盖虚不长。其生不长者，其死必不终。"

——《管子·小称》

【译文】

"我希望您能远离易牙、竖刁、堂巫和公子开方。易牙以善于烹调来侍奉您，您说只有蒸婴儿没有尝到过，易牙就蒸了他的儿子给您。按理说人没有不爱自己的子女的，易牙却对自己的儿子都不爱，怎么可能爱您呢？您喜好女色而又好嫉妒，竖习就阉割自己为您管理内宫。按理说人没有不爱惜自己的身体的，竖习对自己的身体都不爱，又怎么可能爱您呢？公子开方为了服侍您，十五年都不回家去探望亲人，而齐国与他的家乡卫国仅仅只有几天的路程。按理说人没有不爱自己的父母亲的，公子开方连自己的父母亲都不爱，怎么可能爱您呢？我听到过一句话，叫作伪不能长久，做假不能长远。活着不做好事的人，一定不会好死的。"

家范箴言

俗话说，"近朱者赤，近墨者黑"，无论地位高低贵贱，任何人都会或多或少地受到身边人的影响，与圣贤之人在一起，则会受到不断的教诲与鞭策，端正品行并得到很大的帮助；与奸邪之人相亲近，则可能会变得心念不端正，或者深受其害。

只有认清小人、远离小人，才能避免祸患。

贤者和小人是不能相容的两种势力，两者就像是水与火的关系，在皇帝面前，这两种势力此消彼长。皇帝亲近贤者，小人自然就会受到冷落，反之，皇帝偏爱小人，贤者就没有了立足之地。凡是圣明的皇帝都会尽可能地去亲近贤者，因为只有这样才能国富民安。由此可见，要想使国家长治久安，为官者必须亲近贤者而远离奸邪小人，这才是治国大计、黎民的福气。

家风故事

孙膑和庞涓的故事

孙膑和庞涓是春秋时期鬼谷子的学生。两人在鬼谷子的指导下，文韬武略无所不精，成为当时的两大奇才。但庞涓为人心浮气躁、好胜心强，容易对别人产生嫉妒之心。而孙膑则谦虚好学、待人宽厚。

当时，韩、赵、魏三家分晋。其中魏国势力最为强大，魏惠王野心勃勃，意欲称霸天下。他四处招贤纳士、收拢人才。庞涓得知后迫不及待地提前下山投奔了魏国。在魏国，庞涓深得魏惠王器重，被封为大将军。他把学来的本领全部用在平日训练兵马上，在与卫、宋、鲁、齐等国的交战中，他的军队屡战屡胜，因此，他在魏国赢得了威望。

不久后，孙膑学成下山。听说魏惠王礼贤下士，很有仁德，于是也来投奔魏国。庞涓知道后对魏惠王说："孙膑是齐国人，我们如今正与齐国为敌，他此次前来，恐怕别有用心。"

魏惠王说："依您之言，外国人就不能用了吗？古人说用人要不拘一格，我不能因为他是齐国人，就错过这位贤者啊！"魏惠王便隆重地接待了孙膑。

在与孙膑的交谈中，魏惠王发现孙膑比庞涓更有将才。于是，想拜孙膑为副军师，协助庞涓统军。庞涓得知后忙对魏惠王说："孙膑是我的兄长，才能又比我强，岂能在我手下做事？不如先让他做个客卿，等他立了功，我再让位于他。"孙膑以为庞涓这是一片真心为自己着想，对他十分感激。

庞涓怕自己的前途受到影响，他总想着让孙膑回到齐国，有一次他试探性地问孙膑："你怎么不把家里人接来同住呢？"

孙膑答道："家里人非亡即散，哪里还有人可接呢？"

庞涓听后心里不禁一沉，如果孙膑真在魏国长待下去，自己的地位可真是岌岌可危了。

后来，孙膑在齐国的朋友给他写信让他回齐国。孙膑回信说自己是魏国的客卿，不能随便走。结果信被魏国人得到了，报告给了魏惠王，魏惠王问庞涓如何处理此事，庞涓连忙说："孙膑是个奇才，如果经不住他朋友的劝说回到齐国，对魏国是非常不利的。我先去试探一下，如果他真心留下也就罢了。如果他有离开之意，那就交给我处理吧！"魏惠王答应了。

庞涓到了孙膑处，直接问孙膑道："听说你收到一封从齐国写来的信，为什么不回去看看呢？"

孙膑说："只怕不妥。"

庞涓说："你放心回去好了，我会向大王解释的。"孙膑听后很是感动，第二天便前去向魏惠王告假。

魏惠王不知真相，以为孙膑要回齐国效力，一时气愤难当，命庞涓来审问他。庞涓假装仁义，先放了孙膑，又假意前去给孙膑求情。不久后，他神色慌张地回来对孙膑说："我费了九牛二虎之力总算把你的命保下来了，但大王说黥刑和膑刑却不能免除。"接着，庞涓让人在孙膑脸上刺字，剔了他的膝盖骨，孙膑被弄成了终身残疾。

孙膑胸怀大略且为人正直，但是缺乏自我保护意识，轻信小人，结果惹祸上身，可见，对于那些奸邪的小人，只有敬而远之才能保全自己。保全了自己，等到合适的时机再把小人搞垮也为时不晚，这才是智者的策略。

第八章

为官立范：治国安民定乾坤

参考文献

[1] 荣格格，吉吉. 中国古今家风家训一百则[M]. 武汉：武汉大学出版社，2014.

[2] 梁素娟.《挺经》的修身成事智慧[M]. 北京：中国纺织出版社，2014.

[3] 谢冕. 百年经典散文·励志修身[M]. 济南：山东人民出版社，2014.

[4] 庄恩岳. 做人讲修身. 做事讲实干[M]. 杭州：浙江人民出版社，2014.

[5]《礼品书家庭必读书》编委会. 曾国藩做官·做人·治家·治世智慧全书[M]. 沈阳：辽海出版社，2014.

[6] 吴伟丽. 成就人一生的修身好习惯[M]. 西安：太白文艺出版社，2013.

[7] 商宁. 修身养性[M]. 石家庄：花山文艺出版社，2013.

[8] 房弘毅. 中庸·修身篇[M]. 北京：新时代出版社，2013.

[9] 于永正. 朱子治家格言[M]. 深圳：海天出版社，2013.

[10]《语文新课标必读丛书》编委会. 增广贤文[M]. 西安：西安交通大学出版社，2013.

[11] 朱明勋. 中国古代家训经典导读[M]. 北京：中国书籍出版社，2012.

[12] 张俊红. 修身之道[M]. 乌鲁木齐：新疆美术摄影出版社，2012.

[13] 陈才俊. 中国家训精粹[M]. 北京：海潮出版社，2011.

[14] 冯海涛. 道德经智慧日用贯通[M]. 北京：中国纺织出版社，2011.

[15] 刘默. 菜根谭[M]. 北京：华侨出版社，2011.

参考文献

[16] 陈才俊. 增广贤文[M]. 北京：海潮出版社，2011.

[17] 朱伯荣. 幼学琼林[M]. 杭州：浙江古籍出版社，2011.

[18] 杨萧. 颜氏家训袁氏世范通鉴[M]. 北京：华夏出版社，2009.

[19] 唐政. 帝范——中国最伟大帝王的沉思录[M]. 北京：新世界出版社，2009.

[20] 丹明子. 道德经的智慧[M]. 北京：华夏出版社，2009.

[21] 张为才. 国学启蒙经典 [M]. 青岛：青岛出版社，2009.

[22] 中华家训[M]. 合肥：安徽人民出版社，2000.

[23] 齐豫生. 温公家范[M]. 乌鲁木齐：新疆青少年出版社，2000.

后　记

一个家庭或家族的家风要正，首先要注重以德立家、以德治家。其次还要书香不绝，坚持走文化兴家、读书树人之路。习近平总书记谈到自己的经历时，曾经多次谈及自己的淳朴家风。从某种意义上说，正是因为家风家教的缺失，一些人走上社会之后容易失去底线，做出一些违背道德、法律的事情，导致家风缺失、世风日下。现在重提"家风"，是有积极现实意义的。这是一种文化的回归，是一种历史智慧的挖掘与重建。

端正家风，弘扬传统教育文化，传承优秀的治家处世之道，正是我们策划本套书的意图所在。

本套书从历代各朝林林总总的家训里，摘取一些能够表现中国文化特点并且对于今天颇有启发意义的格言家训，试做现代解释，与读者共同品味，陶冶性情。

本套书在编写的过程中，得到了北京大学文学系的众多老师、教授的大力支持，安徽师范大学文学院多位教授、博士尽心编写，在设计现场给予指导，在此表示衷心的感谢！尤其要特别感谢安徽省濉溪中学的一级教师田勇先生在本套书编写、审校过程中的辛苦付出和给予的大力支持！

本套书在编写过程中，参考引用了诸多专家、学者的著作和文献资料，谨对这些资料、著作的作者表示衷心的感谢！有些资料因为无法一一联系作者，希望相关作者来电来函洽谈有关资料稿酬事宜，我们将按相关标准给予支付。

联系人：姜正成

邮　　箱：945767063@qq.com